精通 API 架構
設計、營運和發展基於 API 的系統

Mastering API Architecture
Design, Operate, and Evolve API-Based Systems

James Gough, Daniel Bryant & Matthew Auburn 著

黃銘偉 譯

本書獻給 *Alex Blewitt*，他在出版前不幸去世了。
我們要感謝 *Alex* 多年來的坦誠回饋、
持續的支持和溫暖的友誼。

—作者群

目錄

第二章　測試 API 27

第二部分　API 訊務管理

第三部分　API 的營運與安全性

第六章　營運安全性：針對 API 的威脅建模 147

第九章　利用 API 基礎設施朝向雲端平台演化 211

序

十多年前，當我在 *Financial Times*（金融時報）建立我的第一個 API 時，尚未存在有太多的 API。我們是在一種單體架構（monolithic architecture）上建置的，而該 API 的存在只是為了讓外部第三方得以存取我們的內容。

但現在，API 無處不在，它們是你建立一個系統時成功的核心所在。

這是因為，在過去十年中，有幾件事情結合起來改變了我們許多人進行軟體開發的方式。

首先，我們可取用的技術改變了。雲端計算（cloud computing）的興起帶給了我們自助服務（self-service）、視需要供應（on-demand provisioning）。自動化的建置和部署管線使我們能夠進行持續的整合和部署，而容器和相關技術（如協調）讓我們能作為一個分散式系統運行大量的獨立小型服務。

我們為什麼要這樣做？因為所發生的第二件事：研究表明，成功的軟體開發組織擁有鬆散耦合（loosely coupled）的架構，和有權做出決策的自主團隊。這裡的成功是以對業務的正面影響來衡量的，例如增加市場佔有率、生產力和獲利能力。

我們的架構現在傾向於更鬆散的耦合、更為分散，並以 API 為中心來建置。你會希望 API 是可發現（discoverable）並一致的，即使它們意外改變或消失，也不太可能給消費者帶來問題。其他的任何東西都會把工作耦合在一起，拖慢你團隊的腳步。

在本書中，James、Daniel 和 Matthew 為如何構建有效的 API 架構，提供了全面且實用的指南。他們涵蓋了很多主題，從如何建置和測試一個單獨的 API，到你在其中部署它們的生態系統、有效發佈和營運它們的方法，還有或許最重要的，如何使用 API 來發展你的架構。我在 *Financial Times* 建立的第一批 API 已經不復存在，而且我們是從頭開始建立那些系統，其成本非常昂貴。

James、Daniel 和 Matthew 提供了一個範本，說明如何利用 API 作為關鍵工具來處理無法避免的變化並發展你的系統。

軟體架構（software architecture）被定義為那些既重要又難以改變的決策。那些決定將左右你專案的成功或失敗。

作者的焦點並非抽象的架構，而是你如何在自己的組織內套用架構。決定採用 API 閘道（API gateway）還是服務網格（service mesh），以及採用哪一種，正是你應該謹慎對待並仔細評估的那種難以反悔的決策。James、Daniel 和 Matthew 在他們認為合適的地方給予強而有力且有所主張的指導，而在選項不那麼明確之處，他們提供了一個框架，來幫助你做出適合你情況的最佳選擇。

他們用一個實際的現實案例研究來闡明重點，這個案例研究採用了那些概念，並示範如何在實務上讓它們發揮作用。他們的案例研究在全書中不斷演進，與真實系統發展的方式相同。作者表明，你不必在事先就做好所有的事情，可以在發現需求的時候，逐塊發展你的架構，提取出服務並添加 API 閘道和服務網格等工具。

我建立第一個 API 時，犯了很多錯誤。多希望當時能有一本像這樣的書，幫助我了解可能被絆倒的地方，並引導我做出明智的抉擇。

只要 API 在你的系統中扮演了主要的角色，而你正在領導相關的工作，我就會向你推薦此書。有了它，你應該就能開發出前後一致的一套工具和標準，以支援你組織中正在建置 API 的每個團隊。

— *Sarah Wells*
QCon London 會議聯合主席、
獨立顧問與 *Financial Times* 前技術總監，
英國雷丁（*Reading, UK*），
2022 年 *9* 月

前言

我們為何撰寫這本書？

2020 年初，我們參加了在紐約舉行的 O'Reilly Software Architecture 會議，Jim 和 Matt 主持了一個關於 API 的專題研討會，並以 API 閘道為主題發表了演說。Jim 和 Daniel 在倫敦的 Java Community 就認識了，而就像在許多軟體架構活動中一樣，我們聚在一起談論 API 架構相關的想法和理解。我們在走廊上交談時，幾位與會代表走過來和我們聊起了他們在 API 方面的經驗。人們紛紛詢問我們對他們 API 歷程的想法和指引。就在此時，我們認為寫一本以 API 為主題的書籍，將有助於與其他架構師分享我們在會議上探討的內容。

為什麼要閱讀這本書？

本書旨在提供關於設計、營運和發展 API 架構的全貌。透過我們的寫作和附帶的案例研究來分享經驗和建議，該案例模擬了現實生活中的一個活動管理會議系統（event-management conference system），讓與會者能夠查看和報名演講議程。案例研究貫穿全書，目的是讓你探索抽象概念有時是如何轉化為實際應用的。如果你想對此案例研究的演變有一個高階的概觀，你可以在第 10 章中找到。

我們也相信，讓你做出自己決定的重要性。為了支持這點，我們將會：

- 在我們有強烈的建議或指引時明確表達。
- 強調你可能遭遇問題而必須慎重的領域。

- 提供 Architecture Decision Record（ADR，架構決策紀錄）指導方針[1]，以幫助你在已知的架構環境之下做出可能的最佳決策，並提供指引來讓你知道要考慮些什麼（因為有時答案會是「視情況而定」）。
- 指出參考文獻和實用的文章，在那裡可以找到更深入的內容。

本書不只是一本綠地技術（greenfield technology）書籍。我們認為涵蓋現有的架構，並以演化的方式朝向更合適的 API 架構前進，將為你提供最大的好處。我們也試著平衡這一點與 API 架構領域最新的技術展望和發展。

本書是為誰而寫的

雖然我們在創作本書時，心裡有一個最初的人物形象，但在寫作和審閱的過程中，出現了三個關鍵的角色：開發人員、意外的架構師和解決方案或企業架構師。我們在下面章節中概述這些角色，目的是讓你不僅能認同至少其中一個角色，而且還能透過這些角色提供的不同觀點來審視每一章。

開發人員（Developer）

你很可能已經有好幾年的專業程式設計經驗，對常見的軟體開發挑戰、模式和最佳實務做法有很好的理解。你越來越意識到，軟體產業朝著構建服務導向架構（service-oriented architecture，SOA）和採用雲端服務的方向發展，這意味著建置和營運 API 正迅速成為一項核心技能。你熱衷於學習設計有效 API 和測試它們的相關知識。你想探索各種實作選項（例如同步或非同步通訊）和技術，並學習如何提出正確的問題，評估哪種做法最適合特定的情境。

意外的架構師（Accidental Architect）

你很可能已經開發了多年的軟體，並經常領導團隊或作為常駐的軟體架構師（即使你沒有正式的頭銜）。你了解核心的架構概念，例如為高凝聚力（high cohesion）和鬆散耦合（loose coupling）而設計，並將這些應用於軟體開發的所有面向，包括系統的設計、測試和營運。

---

1 你將在「導論」中了解關於 ADR 的更多資訊及其對做出和記錄架構決策的重要性。

你意識到你的角色越來越專注在結合系統以滿足客戶的需求。這可能包括內部構建的應用程式和第三方的 SaaS 類型產品。API 在成功整合你們系統和外部系統方面扮演重要角色。你想學習關於支援技術（例如 API 閘道、服務網格等）的更多知識，也想了解如何營運和保護基於 API 的系統。

解決方案或企業架構師（Solutions/Enterprise Architect）

你已經設計並構建企業軟體系統好幾年了，而你的工作頭銜或角色描述中很可能有架構師（architect）這個詞。你負責軟體交付的整體大局，通常在一個大型組織或相互關聯的一系列組織之範圍內工作。

你意識到服務導向架構風格最新修訂版本，對於軟體之設計、整合和治理所帶來的變化，而你也了解到 API 對你組織的軟體策略之成功是至關重要的。你熱衷於學習關於演化模式（evolutionary patterns）的更多知識，並了解 API 設計和實作的抉擇將如何影響這一點。你還想關注跨功能的「性質（ilities）」：易用性（usability）、可維護性（maintainability）、規模可擴充性（scalability）和可得性（availability）：並了解如何建置基於 API 的系統，以展示這些特性，並提供安全性（security）。

你會學到什麼

讀完本書之後，你會學到：

- REST API 的基礎知識以及如何建置和測試 API 並做好它們的版本管理
- 建置 API 平台所涉及的架構模式
- 在入口處和在服務與服務之間的通訊中管理 API 訊務的差異，以及如何應用像 API 閘道和服務網格之類的模式和技術
- API 的威脅建模（threat modeling）和關鍵的安全性考量，例如認證（authentication）、授權（authorization）與加密（encryption）。
- 如何演進現有的系統，朝向 API 和不同的部署目標（例如雲端）發展

而你將會能夠：

- 設計、建置並測試以 API 為基礎的系統
- 從架構的角度幫助實作和推動企業的 API 計畫
- 部署、發佈和配置 API 平台的關鍵元件

- 根據案例研究來部署閘道和服務網格
- 識別出 API 架構中的弱點並實作慎重的安全性緩解措施
- 為新興的 API 趨勢和相關社群做出貢獻

本書不包括什麼

我們很清楚 API 包含了廣大的市場空間,所以希望明確指出本書不包括什麼。這並不意味著我們認為那些主題不重要,反過來說,如果我們試圖涵蓋所有內容,就無法與你有效分享我們的知識。

我們將涵蓋用於遷移(migration)和現代化(modernization)的應用模式,其中包括利用雲端平台的優勢,但本書並沒有把焦點完全放在雲端技術。你們中的許多人將擁有混合架構,甚至將所有的系統都託管在資料中心。我們想要確保支援這兩種做法的 API 架構之設計和營運要素都有涵蓋到。

本書不拘泥於特定的語言,但會使用一些輕量化的例子,來展示 API 建置與設計的做法及其相應的基礎設施。本書將更關注做法,程式碼範例可在隨書推出的 GitHub 儲存庫中取用(*https://github.com/masteringapi*)。

本書並不偏重於任一種架構風格,但是我們將討論在哪些情況下,架構的做法可能導致所提供的 API 受到限制。

本書編排慣例

本書使用下列排版慣例:

斜體字(*Italic*)

> 代表新名詞、URL、電子郵件位址、檔名和延伸檔名。中文以楷體表示。

定寬字(`Constant width`)

> 用於程式碼列表,還有正文段落裡參照到程式元素的地方,例如變數或函式名稱、資料庫、資料型別、環境變數、述句和關鍵字。

定寬粗體字(`Constant width bold`)

> 顯示應該逐字由使用者輸入的命令或其他文字。

定寬斜體字（*Constant width italic*）

　　顯示應該以使用者所提供的值或由上下文決定的值來取代的文字。

 這個元素代表訣竅或建議。

 這個元素代表一般註記。

 這個元素代表警告或注意事項。

使用範例程式碼

本書的補充性素材（程式碼範例、習題等）可在此下載取用：
https://github.com/masteringapi

如果你有技術性問題，或使用程式碼範例時遇到問題，請寄送 email 到
bookquestions@oreilly.com。

這本書是為了協助你完成工作而存在。一般而言，若有提供範例程式碼，你可以在你的
程式和說明文件中使用它們。除非你要重製的程式碼量很可觀，否則無須聯絡我們取得
許可。舉例來說，使用本書中幾個程式碼片段來寫程式並不需要取得許可。販賣或散布
O'Reilly 書籍的範例，就需要取得許可。引用本書的範例程式碼回答問題不需要取得許
可。把本書大量的程式範例整合到你產品的說明文件中，則需要取得許可。

引用本書時，若能註明出處，我們會很感謝，雖然一般來說這並非必須。出處的註明
通常包括書名、作者、出版商以及 ISBN。例如：「*Mastering API Architecture* by James
Gough, Daniel Bryant, and Matthew Auburn (O'Reilly). Copyright 2023 James Gough Ltd,
Big Picture Tech Ltd, and Matthew Auburn Ltd, 978-1-492-09063-2」。

如果覺得你對程式碼範例的使用方式有別於上述的許可情況，或超出合理使用的範圍，
請不用客氣，儘管聯絡我們：*permissions@oreilly.com*。

致謝

就跟幾乎所有的技術書籍一樣,本書封面可能只列出三個人為作者,但實際情況是,許多人都做出了貢獻,有的是在寫書時直接以回饋意見的形式出現,有的是多年來透過他們的教導和指引間接做出的。

雖然不可能列出在這一旅程中幫助過我們的每一個人,但我們要明確地感謝那些在繁忙的工作中抽出時間,提供廣泛討論、回饋意見和支持的人。

感謝我們的技術審閱者:Sam Newman、Dov Katz、Sarah Wells、Antoine Cailliau、Stefania Chaplin、Matt McLarty 與 Neal Ford。

對於一般性的細節、鼓勵、建議和介紹,我們感謝:Charles Humble、Richard Li、Simon Brown、Nick Ebbitt、Jason Morgan、Nic Jackson、Cliff Tiltman、Elspeth Minty、George Ball、Benjamin Evans 與 Martijn Verberg。

感謝 O'Reilly 團隊:Virginia Wilson、Melissa Duffield 與 Nicole Tache。

James Gough

想感謝我不可思議的家人:Megan、Emily 與 Anna。沒有他們的幫助和支持,寫作是不可能順利進行的。還要感謝我的父母,Heather 和 Paul,感謝他們鼓勵我學習,以及他們不斷的支持。

我要感謝我的共同作者 Daniel 和 Matt。寫書是一項挑戰,就像架構一樣,永遠不會完美。這是一段有趣的旅程,我們都從對方和我們了不起的審稿人那裡學到了很多。最後,我要感謝 Jon Daplyn、Ed Safo、David Halliwell 和 Dov Katz 在我的職業生涯中為我提供支援、機會和鼓勵。

Daniel Bryant

想感謝我的整個家庭,感謝他們的愛和支持,無論是在寫作過程中,還是在我的職業生涯中。我還想感謝 Jim 和 Matt,他們是這一寫作旅程中偉大夥伴。我們在 2020 年初開始撰寫這本書,當時正值疫情襲來。我們每週三上午的電話會議不僅對合作很有幫助,而且在世界迅速變化的時候,也是樂趣和支持的重要來源。最後,我想感謝參與 London Java Community(LJC)、InfoQ/QCon 團隊以及 Ambassador 實驗室的每一個人。這三個社群讓我得以接觸導師、指引和如此多的機會。我希望有一天能將這一切傳承下去。

Matthew Auburn

我要感謝我了不起的妻子 Hannah，沒有妳的支持，我就不可能寫出這本書。感謝我的雙親，你們讓我知道一切皆有可能，並且從未停止相信我。這本書的出版是一段神奇的歷程，Jim 和 Dan，你們都是優秀的導師。你們兩位都教了我很多東西，並幫助我寫出了最好內容。還要額外感謝 Jim：你把我帶入了演講的世界，在我的職業生涯中，你對我的幫助比任何人都大。最後，最重要的是，我要感謝我的兒子 Joshi，你是我單純的喜悅來源。

導論

在這個導論中，你將探索 API 的基礎知識以及它們成為架構之旅一部分的潛力。我們會介紹 API 的輕量化定義以及它們在行程內外的使用方式。為了展現 API 的重要性，我們將介紹會議系統（conference system）案例研究，這是一個貫穿全書的可執行範例。行程外的 API（out-of-process API）允許你超越簡單的三層架構（three-tiered architecture），我們將介紹訊務模式（traffic patterns）及其重要性來展示這一點。我們將概述案例研究的步驟，如果你對某個領域感興趣，可以直接跳到後面閱讀。

為了介紹 API 及其相關的生態系統，我們將使用一系列重要的人造物（artifacts）。我們將以 C4 模型圖（C4 model diagrams，*https://c4model.com*）介紹案例研究，並重新審視這種做法背後的具體細節和邏輯。你還會學到 Architecture Decision Records（ADR，架構決策紀錄）的使用，以及清楚定義跨越軟體生命週期之決策所帶來的價值。隨著導論的結束，我們將概述 ADR 指導方針：當答案是「視情況而定」時，我們的做法可以幫助你做出決定。

架構之旅

經歷長途旅行的任何人無疑都會遇到這樣的問題（而且可能是持續的）：「我們到了嗎？」。對於最初的幾次詢問，你會看一下 GPS 或路線規劃器，並提供一個估計值，並期望你在路上不會遇到任何延誤。同樣地，對於開發者和架構師來說，構建基於 API 的架構之旅程可能路途複雜，即使有一個架構 GPS 存在，你的目的地會是什麼呢？

架構是沒有目的地的旅程，你無法預測技術和架構做法將如何變化。舉例來說，你可能無法預測服務網格（service mesh）技術會得到如此廣泛的應用，但只要你了解其能力所在，它可能會使你考慮演進發展現有的架構。影響架構變化的不僅僅是技術，新的業務需求和約束也會推動架構方向的改變。

交付增量價值（incremental value）與新興技術相結合的最終效果，導致了演化架構（evolutionary architecture）的概念出現。演化架構是一種逐步改變架構的做法，焦點放在快速改變的能力，以及減少負面衝擊的風險。在這一過程中，我們請你在對待 API 架構時牢記以下建議：

> 儘管架構師們希望能對未來進行策略性的規劃，但不斷變化的軟體開發生態系統使之難以實現。既然我們無法避免變化，我們就得加以利用它。
>
> — Neal Ford、Rebecca Parsons 和 Patrick Kua 所著的
> 《*Building Evolutionary Architectures*》（O'Reilly）

在許多專案中，API 本身是演化式的，隨著更多系統和服務的整合，需要改變以適應。大多數開發者建立的服務都集中在單一功能上，而沒有從消費者（consumer）的角度考慮更廣泛的 API 重複使用。

在 API-First（API 優先）設計這種做法中，開發者和架構師考慮其服務的功能性，以消費者為中心的方式設計 API。API 的消費者可以是一個行動應用程式、另一個服務，甚至是一個外部客戶。在第 1 章中，我們會回顧支援 API-First 做法的設計技巧，及探討如何構建對於改變有耐久性並能為廣大消費者提供價值的 API。

好消息是，你可以在任何時候開始由 API 驅動的架構之旅。如果你負責維護既有的技術庫存，我們將向你展示演進你架構的技巧，以促進 API 在你的平台中的使用。另一方面，如果你很幸運，有一張空白的畫布可以發揮，我們將根據多年的經驗與你分享採用 API 架構的好處，同時也會強調決策的關鍵要素。

API 簡介

在軟體架構（software architecture）領域，有一些術語是非常難以定義的。API 這個術語，也就是 application programming interface（應用程式介面），就屬於這一類，因為這個概念最早出現在非常久遠的 80 年前。已經存在很長時間的術語最終會被過度使用，並且在不同的問題空間有多種含義。我們認為 API 代表的是：

- API 代表底層實作的一個抽象層（abstraction）。

- 一個 API 由一個引入型別（types）的規格（specification）來表示。開發人員可以理解這些規格，並使用工具生成多種語言的程式碼來實作 API 消費者（消耗 API 的軟體）。

- API 定義了語意（semantics）或行為，以有效地為資訊的交換建立模型。

- 有效的 API 設計能夠擴充到客戶或第三方以進行業務整合。

廣義上來講，API 可以分為兩大類，取決於 API 的呼叫是在行程內（*in process*）還是在行程外（*out of process*）。這裡所指的行程（*process*）是指作業系統（OS）的行程。舉例來說，從一個類別到另一個類別的 Java 方法調用（method invocation）是行程內的 API 調用，因為該呼叫是由進行呼叫的同一行程來處理的。一個 .NET 應用程式使用 HTTP 程式庫呼叫外部的類 REST API 則是行程外的 API 調用，因為該呼叫是由一個額外的外部行程所處理，而非由進行呼叫的行程處理。典型情況下，行程外的 API 呼叫將涉及穿越網路的資料，那可能是區域網路、虛擬私有雲（virtual private cloud，VPC）網路或網際網路（internet）。我們將專注於後一種風格的 API。然而，架構師經常會遇到要把行程內 API 改造為行程外 API 的需求。為了展示這一概念（以及其他概念），我們將創建一個可運作的案例研究，該案例將在本書中不斷發展。

可運作的範例：Conference System 案例研究

我們選擇為一個會議系統（conference system）建立模型以作為案例研究，是因為該領域很容易識別，也提供了足夠的複雜性來進行演化架構的建模（modeling）。圖 I-1 直觀地展示了該會議系統的最頂層，讓我們為要討論的架構設下背景。外部客戶（customer）使用該系統來建立他們的出席者帳號（attendee account）、查看可參加的會議議程，並預訂他們的出席。

圖 I-1　C4 會議系統的情境圖（context diagram）

讓我們在圖 I-2 中放大 Conference System 方框。展開此會議系統為我們提供了關於其主要技術構件的更多細節。客戶與這個 Web 應用程式進行互動，後者會調用會議應用程式上的 API。會議應用程式使用 SQL 來查詢支援的資料存放區。

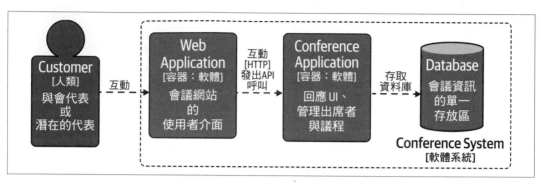

圖 I-2　C4 會議系統的容器圖（container diagram）

圖 I-2 顯示，從 API 的角度來看，最有趣的功能位在會議應用程式容器（conference application container）中。圖 I-3 放大了這個特定的容器，使你能夠探索其結構和互動情況。

在目前的系統中，有四個主要的元件和資料庫（database）。*API Controller*（控制器）面對來自 UI 的所有入站訊務，並判斷要把請求繞送（route）到系統中的何處。這個元件也負責將線路上網路層次的表示方式整列（marshaling）為程式碼中的物件或表徵（representation）。從行程內路由（routing）的角度來看，API Controller 元件是很有趣的，它充當了一個連接點（junction point）或前端控制器（*front controller*）模式。對於 API 的請求和處理來說，這是一個重要的模式，所有的請求都得通過控制器，由它來決定請求的去向。在第 3 章中，我們將探討將控制器從行程中取出的可能性。

Attendee（出席者）、*Booking*（預訂）和 *Session*（議程）元件參與將請求轉化為查詢，並對行程外資料庫執行 SQL 的過程。在現有的架構中，資料庫是一個重要的元件，可能會強制施加關係，例如預訂（bookings）和議程（sessions）之間的約束。

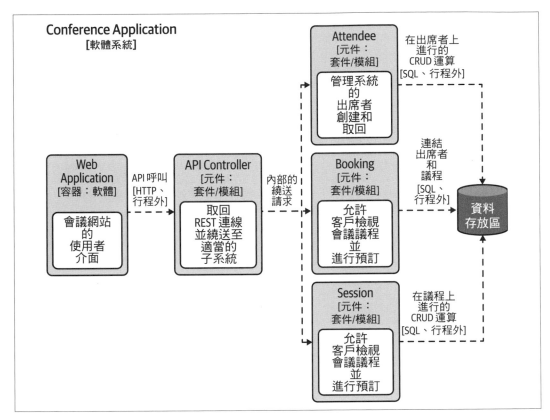

圖 I-3　C4 會議系統的元件圖（component diagram）

既然我們已經鑽研到適當程度的細節，就讓我們重新審視一下此時案例研究中的 API 互動類型。

Conference 案例研究中的 API 類型

在圖 I-3 中，*Web Application* 到 *API Controller* 的箭頭是行程外呼叫，而 *API Controller* 到 *Attendee Component* 的箭頭則是行程內呼叫的例子。在 Conference Application 邊界內的所有互動都是行程內呼叫的例子。行程內的調用（in-process invocation）由實作 Conference Application 的程式語言所明確定義和限制。這種調用具有編譯時期安全性（在這種情況下，交換機制會在編寫程式碼時強制施行）。

改變 Conference System 的理由

目前的架構做法已經用於此會議系統很多年了，然而，會議主辦人要求進行三項改善，這就推動了架構的變更。

- 會議組織者希望建立一個行動應用程式。

- 會議組織者計畫將他們的系統推向全球，每年舉辦數十個會議而不是一個。為了促進這種擴展，他們希望與外部的 Call for Papers（CFP，論文徵集）系統整合，以管理演講者和他們在會議上的演講議程申請。

- 會議組織者想讓他們的私人資料中心退役，轉而在一個具有全球影響力的雲端平台上運行會議系統。

我們的目標是遷移會議系統，使其能夠支援新的需求，而不影響現有的生產系統、或不需要一次性改寫所有內容。

從分層架構到 API 建模

本案例研究的起點是一個典型的三層架構（three-tier architecture），由 UI、伺服端處理層和資料存放區所組成。為了開始討論一個演化架構，我們需要一個模型（model）來思考 API 請求被各元件處理的方式。我們需要一個模型或抽象層，可以適用於公共雲、資料中心的虛擬機器和混合做法。

訊務（traffic）的抽象化使我們能夠考慮 API 消費者（API consumer）和 API 服務（有時被稱為 API 生產者，「API producer」）之間的行程外互動。在服務導向架構（SOA）和基於微服務的架構（microservices-based architecture）之類的架構做法下，對 API 互動進行建模的重要性很關鍵。了解 API 訊務和元件之間的通訊風格將左右著你是實現增加解耦程度所帶來的優勢，或是創造出維護噩夢。

 訊務模式（traffic patterns）被資料中心工程師用來描述資料中心內和低階應用程式之間的網路交換。在 API 層次，我們使用訊務模式來描述應用程式組之間的資料流。就本書而言，我們指的是應用程式和 API 層級的訊務模式。

案例研究：一個演化步驟

為了開始考慮訊務模式的類型，在我們的案例研究架構中採取一個小型的演化步驟將是有益的。在圖 I-4 中，我們採取了一個步驟，將 *Attendee* 元件重構為一個獨立的服務，而非傳統會議系統（*legacy conference system*）中的一個套件（package）或模組（module）。會議系統現在有兩個訊務流量（traffic flows）：客戶和傳統會議系統之間的互動，以及傳統系統和出席者系統（attendee system）之間的互動。

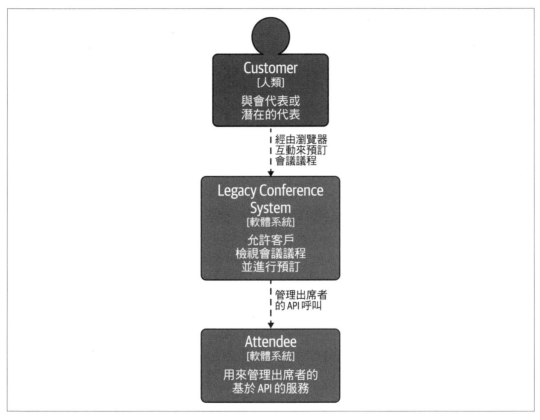

圖 I-4　C4 會議系統的情境：演化步驟

南北訊務

在圖 I-4 中，客戶和傳統會議系統之間的互動被稱為南北訊務（north–south traffic），它代表了一個進入訊務（ingress flow）。客戶使用 UI，它透過網際網路向傳統的會議系統發送請求。這代表了我們網路中的一個公開對外開放的點，並將由 UI 來存取[1]。這意味著處理南北訊務的任何元件都必須對客戶的身分進行具體檢查，並在允許訊務前進到系統中之前包括適當的盤問。第 7 章將詳細介紹南北向 API 訊務的安全問題。

東西訊務

傳統會議系統和 Attendee 服務之間的新互動為我們的系統引入了東西向的訊務。東西訊務（east–west traffic）可以被認為是一組應用程式內服務對服務（service-to-service）式的通訊。大多數的東西向訊務，特別是當來源是在你更廣泛的基礎設施內之時，都可以在某種程度上被信任。儘管我們可以信任訊務的來源，但仍有必要考慮保護東西訊務的安全性。

API 基礎設施和訊務模式

以 API 為基礎的架構中存在兩個關鍵的基礎設施元件（infrastructure components），它們是控制訊務的關鍵。控制和協調訊務通常被描述為*訊務管理*（*traffic management*）。一般來說，南北訊務將由 API 閘道控制（API gateways），那是第 3 章的關鍵主題。

東西訊務通常由 Kubernetes 或服務網格（service mesh）等基礎設施元件處理，那是第 4 章的關鍵主題。像 Kubernetes 和服務網格這樣的基礎設施元件使用網路抽象化（network abstractions）來進行服務的路由，要求服務在一個受管理的環境（managed environment）中執行。在一些系統中，東西訊務由應用程式本身管理，並實作有服務探索（service discovery）技巧來定位其他系統。

Conference 研究案例的發展路線圖

在這整本書中，你將觀察到此案例研究的以下變化或技術在其中的應用：

- 在第 1 章中，你將探索 Attendee API 的設計和規格。我們還將介紹版本管理（versioning）和對交換建模（modeling exchanges）在 Attendee API 效能上的重要性。

- 在第 2 章中，你將探索契約（contract）和元件測試，以驗證 Attendee 服務的行為。你還將看到 Testcontainers 如何幫助進行整合測試（integration testing）。

1　其目的是讓 UI 存取進入點。然而，它是開放的，有可能被惡意利用。

- 在第 3 章中，你將看到如何使用 API 閘道將 Attendee 服務對外開放給消費者。我們還將演示如何使用 Kubernetes 上的 API 閘道來發展會議系統。

- 在第 4 章中，我們將使用服務網格將議程功能（sessions functionality）從傳統會議系統中重構出來。你還將了解到服務網格如何幫助實作路由、可觀察性和安全性。

- 在第 5 章中，我們將討論功能旗標（feature flagging），以及這如何有助於會議系統的演化發展，避免部署和發佈的耦合。你還將探索在會議系統為發佈（releases）建模的做法，我們將展示 Argo Rollouts 在 Attendee 服務中的應用。

- 在第 6 章中，你將探索如何在 Attendee 服務中應用威脅建模（threat modeling）並減輕 OWASP 安全疑慮。

- 在第 7 章中，你將研究認證（authentication）和授權（authorization），以及如何為 Attendee 服務實作這一目標。

- 在第 8 章中，你將研究如何確立 Attendee 服務的領域邊界（domain boundaries），以及不同的服務模式如何幫上忙。

- 在第 9 章中，你將研究雲端平台的採用，以及如何將 Attendee 服務轉移到雲端中並考慮平台重建（replatforming，或稱「環境遷移」）。

此案例研究和所規劃的路線圖要求我們將架構變更視覺化並記錄決策。這些都是重要的跡證，有助於解釋和規劃軟體專案的變化。我們相信，C4 圖（C4 diagrams）和 Architecture Decision Records（ADR，架構決策紀錄）代表了記錄變化的一種清晰方式。

使用 C4 圖

作為介紹案例研究的一部分，我們揭示了來自 C4 模型（*https://c4model.com*）的三種 C4 圖。我們相信 C4 是與不同的利害關係者溝通架構、背景和互動的最佳說明文件標準（documentation standard）。你可能想知道那 UML 又如何呢？Unified Modeling Language（UML，統一塑模語言）提供了一種廣泛的方言，用於軟體架構的交流。一個主要的挑戰是，UML 所提供的大部分內容並沒有被架構師和開發人員牢記在心，人們很快就會回歸到方框、圓圈或鑽石圖形來進行說明。在進入討論的技術內容之前，如何理解圖表的結構成為一項真正的挑戰。很多圖表之所以會進入專案歷史，只是因為有人不小心錯用了永久性馬克筆而不是可擦式馬克筆。C4 模型提供了一套簡化過的圖表，可作為你的專案架構在不同細節層次的指南。

C4 情境圖

圖 I-1 是用 C4 模型中的 C4 情境圖（context diagram）來表示。這種圖的目的是為技術和非技術觀眾設定背景資訊。許多架構對話都是直接深入到底層的細節，而忽略了高階互動的背景設定。考慮到弄錯系統情境圖的後果，總結一下這種做法的好處，可能得以節省糾正誤解的幾個月工作量。

C4 容器情境圖

圖 I-1 提供了會議系統的全貌，而容器圖（container diagram）則有助於描述架構中主要參與者的技術分工。C4 中的容器（container）被定義為「**為了讓整個系統得以運行而需要執行的東西**」（例如會議資料庫）。容器圖的本質是技術性的，建立在更高階的系統情境圖之上。圖 I-2 是一個容器圖，記錄了客戶與會議系統互動的細節。

 圖 I-2 中的會議應用程式容器被單純標示為軟體（*software*）。一般情況下，C4 容器會提供關於容器類型的更多細節（例如 *Java Spring Application*）。然而，在本書中，我們將避免技術細節，除非那有助於展示一個具體的解決方案。API 和現代應用程式的優勢在於，解決方案的空間裡有很大的靈活性。

C4 元件圖

圖 I-3 中的 C4 元件圖（component diagram）有助於定義每個容器中的角色和責任，以及內部的互動。若要查詢一個容器的細節，這種圖就很有用，它還為源碼庫（codebase）提供了一個非常實用的地圖。想想第一次在一個新專案上開始作業的時候：瀏覽自我說明（*self-documenting*）的源碼庫是一種方法，但要把所有東西拼湊起來可能很困難。一個元件圖揭露了你用來構建軟體的語言和技術堆疊之細節。為了保持技術的不可知性，我們使用了套件（*package*）或模組（*module*）這些術語。

使用 Architecture Decision Records

身為開發人員、架構師，甚至是人類，一定都曾遇到過這樣的情況：我們會問「他們在想什麼？」如果你曾經在英國（United Kingdom）的里茲（Leeds）和曼徹斯特（Manchester）之間的 M62 公路上開過車，你可能對其高速公路的建設方式感到困惑。

當你在三車道的高速公路上爬坡時，它開始偏離逆流車群，直到最後，斯科特霍爾農場（Scott Hall Farm）出現在眼前，周圍是大約 15 英畝的農田，貼靠在車輛之間。當地關於此事的傳說指稱，土地的主人很頑固，拒絕搬遷或交出土地，因此工程師們乾脆繞著他的土地興建[2]。五十年後，一部紀錄片浮出水面，揭示了這一事件的真正起因是土地下的地質斷層，這意味著高速公路必須以那種方式修建。當人們猜測為什麼要以特定的方式做某件事時，請預期出現的會是謠言、幽默和批評。

在軟體架構中，會有許多我們必須繞過它們來建置的約束條件，所以很重要的是，確保我們的決策有被記錄下來並且透明。ADR 有助於在軟體架構中使決策更為清晰可見。

> 在一個專案的生命週期中，最難追蹤的事情之一是某些決定背後的動機。新加入專案的人可能會對過去的一些決策感到困惑、不解、高興或憤怒。
>
> —Michael Nygard，ADR 概念的創始人

一個 ADR 中有四個關鍵部分：狀態（status）、情境（context）、決定（decision）和後果（consequences）。一個 ADR 是以提案的狀態（proposed status）創建的，而根據討論，通常會被接受或拒絕。也有可能該決定後來被一個新的 ADR 所取代。情境有助於設定場景，並描述問題或將做出決定的範圍。雖然在 ADR 之前建立一篇部落格文章，然後從 ADR 中連結過去，有助於讓社群關注你的工作，但情境本來就並不是要成為一篇部落格文章或詳盡的描述。決定清楚地闡述了你打算做什麼以及你打算如何做。架構中，所有的決定都帶有後果或取捨（trade-offs），而這些決定有時會因為誤判而付出難以置信的代價。

審查 ADR 時，重要的是看你是否同意 ADR 中的決定，或者是否有替代做法。一個沒有被考慮到的替代做法可能導致 ADR 被駁回。被拒絕的 ADR 有很多價值，大多數團隊選擇保持 ADR 的不可變性，以捕捉觀點的變化。當 ADR 被展示在一個主要參與者可以查看、評論並幫助 ADR 被接受的地方時，其效果最好。

我們經常被問到的一個問題是，團隊應該在什麼時候建立一個 ADR？請確保有在 ADR 建立之前就進行了討論，而且紀錄是團隊集體思考的結果，這是很有用的。向更廣泛的社群發佈 ADR，就能有機會獲得直接團隊以外的回饋意見。

---

2 當地人的頑固特質助長了這種可能解釋的流傳。

Attendee 的演化 ADR

在圖 I-4 中，我們決定在會議系統架構中採取一個演化步驟。這是一個重大變化，需要有一個 ADR。表 I-1 是擁有該會議系統的工程團隊可能提出的一個範例 ADR。

表 I-1　ADR001 從傳統會議系統中分離出 attendees（出席者）

狀態	提案
情境	會議所有人要求為當前的會議系統新增兩個主要功能，並且得在不破壞當前系統的情況下實作。會議系統需要演化以支援一個行動應用程式並與外部 CFP 系統整合。行動應用程式和外部 CFP 系統都需要能夠存取出席者，才能為使用者登入第三方服務。
決定	我們將採取如圖 I-4 所示的演化步驟，將 Attendee 元件分割出來作為一個獨立的服務。這將允許針對 Attendee 服務的 API-First 開發，並允許從傳統會議服務中調用 API。這也將支援直接存取 Attendee 服務的能力，以便向外部 CFP 系統提供使用者資訊。
後果	對 Attendee 服務的呼叫不會是 *行程外*（*out of process*）的，可能會引入一個延遲，需要進行測試。Attendee 服務可能成為架構中的單一故障點（single point of failure），我們可能需要採取措施來減輕執行單一 Attendee 服務的潛在衝擊。由於規劃中的 Attendee 服務是多消費者模型（multiple consumer model），我們將需要確保有良好的設計、版本控制和測試，以減少意外的破壞性變更。

這個 ADR 中的一些後果是相當重大的，肯定需要進一步討論。我們將把一些後果推遲到後面的章節中討論。

精通 API：ADR 指導方針

在本書中，我們將提供 *ADR 指導方針*（*ADR Guidelines*），以幫忙蒐集對我們所涵蓋的主題進行決策時，要問的重要問題。對基於 API 的架構進行決策可能真的很困難，而且在很多情況下，答案都是「視情況而定」。與其在沒有背景的情況下說「視情況而定」，ADR 指導方針將幫忙描述「取決於什麼」，並協助你做出明智決定。ADR 指導方針可以作為一個參考點，當你面臨特定的挑戰時，可以回過頭來查看，或者事先閱讀。表 I-2 概述了 ADR 指導方針的格式以及你可以預期從中得到什麼。

表 I-2 ADR 指導方針：格式

決定 （Decision）	描述你在考慮本書某個面向時可能需要做出的決定。
討論重點 （Discussion Points）	本節有助於識別出對你的 API 架構做出決定時應該進行的關鍵討論。在這節中，我們將揭示一些可能影響決策的經驗。我們將幫助你找出關鍵資訊，為你的決策過程提供參考。
建議 （Recommendations）	我們將提出你在建立 ADR 時應該考慮的具體建議，並解釋我們提出具體建議的依據。

總結

在這篇導論中，我們提供了一個基礎，談到了案例研究和討論 API 驅動的架構時，我們會採取的做法：

- 架構是一個無止境的旅程，而 API 可以在幫助它演化的過程中發揮重要作用。

- API 是實作的一個抽象層，而且可以是行程內（in process）的，或是行程外（out of process）的。架構師常常發現自己處於向行程外 API 演進的位置，那也是本書的重點所在。

- 會議案例研究是為了描述和解釋概念。在這個導論中，你已經看到了一個小型的演化步驟，拆解出了 Attendee 服務以解決即將到來的業務需求。

- 你已經看到了 C4 圖的前三個層以及它們在分享和交流架構方面的重要性。

- ADR 為決策提供了有價值的紀錄，在專案的生命週期中同時具備現有價值和歷史價值。

- 你已經看到了 ADR 指導方針的結構，它將貫穿全書，以幫忙做出良好決策。

在做了將 Attendee 服務從會議系統中分離出來的決定後，我們現在將探索設計和描述 Attendee API 規格的選擇。

第一部分

設計、建置並測試 API

本節提供了 API 驅動架構的基礎構件。

在第 1 章，你將學到 REST 和基於 Remote Procedure Call（RPC，遠端程序呼叫）的 API。我們將探討規格（specifications）和結構描述（schemas）、推薦的標準（standards）、版本控制的策略，以及如何為你的系統選擇合適的 API。

在第 2 章中，你將學習 API 的測試，以及不同的測試風格如何最好地應用於 API 驅動的架構。

設計、建置 API
並描述其規格

設計和建置 API 時，你會面臨很多選擇。使用現代技術和框架來構建一個服務非常之快，但建立一個耐久的做法則需要仔細的思慮和考量。在這一章中，我們將探討 REST 和 RPC 來為案例研究中的生產者（producer）和消費者（consumer）關係建立模型。

你將發現標準是如何為設計決策提供捷徑，並遠離潛在的相容性問題的。你會看到 OpenAPI Specifications（規格）、團隊的實際用途，以及版本控制的重要性。

基於 RPC 的互動是用一個結構描述（schema）來指定的。為了與 REST 的做法對比，我們將探討 gRPC。知道了 REST 和 gRPC 之後，我們將研究建立交換（exchanges）的模型時，需要考慮的不同因素。我們將探討在同一服務中提供 REST 和 RPC API 的可能性，以及這是否為正確的事情。

案例研究：設計 Attendee API

在導論中，我們決定遷移我們的傳統會議系統，並轉向一種更為 API 驅動的架構。作為做出此一改變的第一步，我們將創建一個新的 Attendee 服務，它會對外開放一個相應的 Attendee API。我們還提供了一個狹義的 API 定義。為了有效地進行設計，我們需要更廣泛地考慮生產者和消費者之間的交換，以及更重要的，誰是生產者和消費者。生產者由出席者（attendee）團隊所擁有。這個團隊維護著兩個關鍵的關係：

- 出席者團隊擁有生產者，而傳統會議的團隊擁有消費者。這兩個團隊之間有密切的關係，任何結構上的變化都很容易協調。生產者與消費者服務之間強大凝聚力（cohesion）是可以實現的。

- 出席者團隊擁有生產者，而外部 CFP 系統的團隊擁有消費者。這兩個團隊之間有一種關係存在，但任何的變更都需要協調，以避免破壞其整合。一種鬆散的耦合是必需的，破壞性的變化將需要小心管理。

我們將在本章中比較和對比設計並建置 Attendee API 的做法。

REST 簡介

REpresentation State Transfer（REST，表現層狀態轉換）是一組架構約束（architectural constraints），最常使用 HTTP 作為底層的傳輸協定來加以應用。Roy Fielding 的論文「Architectural Styles and the Design of Network-based Software Architectures」（*https://oreil.ly/VZ8VV*）提供了 REST 的完整定義。從實務的角度來看，要被認為是 RESTful 的，你的 API 必須確保：

- 為生產者與消費者之間的互動建立了一個模型，其中生產者為消費者可以與之互動的資源建模。

- 從生產者到消費者的請求（requests）是無狀態（stateless）的，這意味著生產者不會快取（cache）之前請求的細節。為了在一項給定的資源上建立一個請求鏈，消費者必須向生產者發送任何必要的資訊以進行處理。

- 請求是可以快取的，這意味著生產者可以在適當的時候向消費者提供實用的建議。在 HTTP 中，這通常是透過標頭（header）中所包含的資訊來提供的。

- 一種統一的介面被傳達給了消費者。你很快就會探索動詞（verbs）、資源（resources）和其他模式（patterns）的使用。

- 這是一種分層系統（layered system），抽象化了 REST 介面背後系統的複雜性。舉例來說，消費者不應該知道或在意他們是否有在與資料庫或其他服務互動。

藉由範例介紹 REST 和 HTTP

讓我們看看 REST 在 HTTP 上的一個例子。下面的交換是一個 *GET* 請求，其中 GET 代表方法（method）或動詞（verb）。像 GET 這樣的動詞描述了要對某一特定資源採取的動作，在此例中，我們考慮的是 *attendees*（*出席者*）資源。一個 *Accept* 標頭被

傳遞來定義消費者想要取回的內容之類型。REST 在主體（body）中定義了一種表徵（representation）的概念，並允許在標頭中定義表徵的詮釋資料（*metadata*）。

本章的例子中，我們在：--- 分隔符號上方表示（represent）一個請求（request），在下方表示一個回應（response）：

```
GET http://mastering-api.com/attendees
Accept: application/json
---
200 OK
Content-Type: application/json
{
    "displayName": "Jim",
    "id": 1
}
```

回應包括來自伺服器的狀態碼（status code）和訊息（message），這讓消費者能夠詢問在伺服端資源上的運算結果。這個請求的狀態碼是 200 OK，意味著生產者成功地處理了這個請求。回應主體中，傳回了含有會議出席者的一個 JSON 表徵。許多內容類型（content types）對於從 REST 回傳都是有效的，然而，重要的是要考慮內容類型對於消費者而言是否為可剖析（parsable）的。舉例來說，回傳 application/pdf 是有效的，但並不代表這是另一個系統可以輕鬆使用的一次交換。我們將在本章後面探討內容類型的建模做法，主要關注 JSON。

 REST 實作起來相對簡單，因為客戶端和伺服器的關係是無狀態的，這意味著伺服器不會持續儲存客戶端的狀態。客戶端必須在隨後的請求中把情境脈絡傳回給伺服器。舉例來說，對 *http://mastering-api.com/attendees/1* 的請求將檢索到關於某個特定出席者的更多資訊。

Richardson 成熟度模型

在 2008 年的 QCon（*https://oreil.ly/scjnV*）上，Leonard Richardson 介紹了他審查許多 REST API 的經驗。Richardson 發現了從 REST 角度來看，團隊構建 API 時採用的程度。Martin Fowler 也在他的部落格上介紹了 Richardson 的成熟度啟發法（maturity heuristics，*https://oreil.ly/j6U3s*）。表 1-1 探討了 Richardson 的成熟度啟發法所代表的不同層級，以及它們對 RESTful API 的應用：

表 1-1 Richardson 的成熟度啟發法

Level 0- HTTP/RPC	確立了使用 HTTP 建置的 API，並且有單一 URI 的概念。以我們前面的 /attendees 為例，並且不使用動詞來指定意圖，我們就等於開放一個端點進行交換。本質上這代表了 REST 協定上的一種 RPC 實作。
Level 1- Resources	確立了資源（resources）的使用，並開始在 URI 的情境之下引入資源建模（modeling resources）的概念。在我們的例子中，如果我們新增 GET /attendees/1，回傳一個特定的出席者，它看起來就開始像是一個 level 1 API。Martin Fowler 認為這就像是在傳統物件導向世界中引進了身分（identity）那樣。
Level 2- Verbs（Methods）	開始根據資源對伺服器的影響，對經由不同請求方法（request methods，也稱為 HTTP 動詞）所存取的多個資源 URI 進行正確的建模。位於 level 2 的 API 能以「GET 方法不影響伺服器狀態」為中心做出保證，並在同一資源 URI 上提供多種運算。在我們的例子中，加上 DELETE /attendees/1、PUT /attendees/1 將開始增添符合 level 2 標準的 API 概念。
Level 3- Hypermedia Controls	這是 REST 設計的典範，涉及到透過 HATEOAS（Hypertext As The Engine Of Application State）（*https://oreil.ly/7F18d*）的使用所達成的可巡覽（navigable）API。在我們的例子中，呼叫 GET /attendees/1 時，回應將包含能在伺服器回傳的物件之上進行的動作。這包括能夠更新出席者或刪除出席者的選項，以及客戶端需要調用什麼才能做到這一點。實務上，level 3 在現代 RESTful HTTP 服務中很少使用，雖然巡覽（navigation）在 UI 風格靈活的系統中是一個好處，但它並不適合服務間的 API 呼叫。使用 HATEOAS 將是一種聊天式的體驗，在針對生產者進行程式設計時，一開始就有可能的互動之完整規格，往往可以節省時間。

在設計 API 交換時，Richardson 成熟度的不同層級（levels）是需要考慮的重點。朝向 level 2 邁進將能讓你向消費者投射出一個可理解的資源模型，並帶有可對該模型進行的適當運算。這樣一來，也減少了耦合性，並隱藏了後端支援服務的全部細節。稍後我們還將看到這種抽象層如何應用於版本控制（versioning）。

如果消費者是 CFP 團隊，建立一個低耦合交換的模型，並投射出一個 RESTful 模型將是良好的起點。如果消費者是傳統會議的團隊，我們仍然可以選擇使用 RESTful API，但也有使用 RPC 的另一種選擇。為了開始考慮這種傳統意義上的東西建模方式（east-west modeling），我們將探討 RPC。

Remote Procedure Call（RPC）API 簡介

Remote Procedure Call（RPC，遠端程序呼叫）涉及在一個行程中呼叫一個方法（method），但讓它在另一個行程中執行程式碼。REST 可以投射出領域的一個模型，並提供從底層技術到消費者的一個抽象層，而 RPC 所涉及的則是，在一個行程中對外開放一個方法，並允許它直接從另一個行程被呼叫。

gRPC 是現代的一個高效能開源 RPC。gRPC 由 Linux Foundation 所管理，是大多數平台上的 RPC 業界標準。圖 1-1 描述了 gRPC 中的一個 RPC 呼叫，其中傳統的會議服務調用 Attendee 服務上的遠端方法。gRPC 的 Attendee 服務在指定的通訊埠（port）上啟動並對外開放了一個 gRPC 伺服器，允許方法的遠端調用。在客戶端（傳統的會議服務），一個 stub（虛設常式，或稱「殘根」）被用來把遠端呼叫的複雜性抽取出來，放到程式庫中。gRPC 需要一個結構描述（schema）來完整涵蓋生產者和消費者之間的互動。

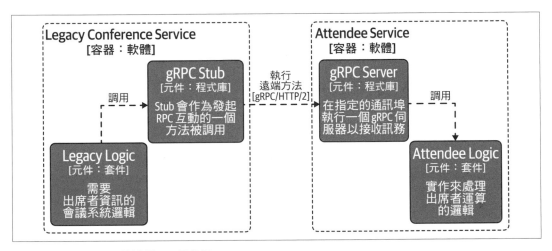

圖 1-1　使用 gRPC 的範例 C4 元件圖

REST 和 RPC 的一個關鍵區別是狀態（state）。根據定義，REST 是無狀態的，而 RPC 的狀態則取決於實作。在某些情況下，基於 RPC 的整合也可以將狀態作為交換的一部分來構建。這種狀態的建立具有高效能的便利性，但以可靠性和路由複雜性作為潛在的代價。使用 RPC 時，該模型傾向於在二級服務所需的方法層面傳達確切功能。這種狀態的選擇性可能導致生產者和消費者之間的交換更加耦合。耦合（coupling）並不總是一件壞事，特別是對東西服務（east–west services）而言，其中效能是關鍵考量。

GraphQL 簡介

在我們詳細探討 REST 和 RPC 風格之前，不能不提到 GraphQL 以及它在 API 世界中的地位。RPC 能讓我們存取生產者所提供的一系列單獨功能，但通常不會延伸出一個模型或抽象層給消費者。另一方面，REST 則為生產者提供的單個 API 擴充了一個資源模型（resource model）。使用 API 閘道在同一基礎 URL 上提供多個 API 是可能的。我們將在第 3 章進一步探討這個概念。如果我們以這種方式提供多個 API，消費者將需要按順序查詢，以在客戶端建立出狀態。消費者還需要了解查詢中涉及的所有服務之結構。如果消費者只對回應中的一部分欄位感興趣，這種做法就會造成浪費。行動裝置受制於較小的螢幕和網路可用性，因此 GraphQL 在這種情況下非常適合。

GraphQL 在現有的服務、資料儲存區和 API 上引入一個技術層，提供一種查詢語言（query language），可以跨多個來源進行查詢。這種查詢語言允許客戶端準確地詢問所需的欄位，包括跨越多個 API 的欄位。GraphQL 使用 GraphQL 結構描述語言（GraphQL schema language），來指定各個 API 中的型別以及 API 的組合方式。在你的系統中引入 GraphQL 結構描述的主要優勢之一，是能跨越所有 API 提供單一的一個版本，消除了消費者方潛在的複雜版本管理之需要。

當消費者需要跨越廣泛且相互連線的服務進行統一的 API 存取時，GraphQL 的優勢最明顯。結構描述提供連線並擴充了領域模型（domain model），允許客戶準確地指明消費者方的需求。這對於使用者介面的建模以及報告系統或資料倉儲式的系統來說，效果非常好。如果系統將大量的資料儲存在不同子系統中，GraphQL 就能提供一種理想的解決方案，抽象化內部系統的複雜性。

在現有的傳統系統上放置 GraphQL，並將其作為一種門面（facade）來隱藏複雜性是可能的，不過在一層精心設計的 API 上提供 GraphQL 通常也代表門面的實作和維護會更加簡單。GraphQL 可以被想成是一種互補技術，在設計和構建 API 時應該加以考慮。GraphQL 也可以被認為是建置整個 API 生態系統的一種完整做法。

GraphQL 會在某些場景下大放異彩，我們鼓勵你去讀讀《*Learning GraphQL*》（O'Reilly）（繁體中文版是《GraphQL 學習手冊》，賴屹民譯，碁峰資訊出版）和《*GraphQL in Action*》（O'Reilly），以更深入地了解這一主題。

REST API 的標準與結構

REST 有一些非常基本的規則，但在大多數情況下，實作和設計是留給開發者的練習。舉例來說，傳達錯誤的最佳方式是什麼？應該如何實作編頁（pagination）？你如何避免意外地構建出一個經常打破相容性的 API？此時，擁有以 API 為中心的一個更實用的定義是非常有利的，可以在不同的實作中提供統一性和可預期性。這就是標準（standards）或指導方針（guidelines）能提供幫助之處，不過有多種來源可以從中挑選。

為了討論設計，我們將使用 Microsoft REST API Guidelines（*https://oreil.ly/H0lfH*），它代表了已經開源的一系列內部指導方針。這些指導方針使用 RFC-2119，它定義了諸如 MUST、SHOULD、SHOULD NOT、MUST NOT 等用於標準的術語，能讓開發者確定需求是選擇性的還是強制的。

因為 REST API 的標準還在不斷演進，本書的 Github 頁面（*https://oreil.ly/jWx2x*）上有一個 API 標準的開放清單。請透過 pull request 貢獻你認為對其他讀者有用的任何開放標準，以供他們參考。

讓我們使用 Microsoft REST API Guidelines 來思考 *Attendee* API 的設計，並引入一個端點來創建一個新的 attendee（出席者）。如果熟悉 REST，你會立即想到使用 POST：

```
POST http://mastering-api.com/attendees
{
    "displayName": "Jim",
    "givenName": "James",
    "surname": "Gough",
    "email": "jim@mastering-api.com"
}
---
201 CREATED
Location: http://mastering-api.com/attendees/1
```

Location 標頭揭示了在伺服器上創建的新資源之位置，而在這個 API 中，我們會為使用者建立一個獨特的 ID。使用 *email* 欄位作為獨特 ID 是可能的，但是 Microsoft REST API Guidelines 在第 7.9 節中建議，可識別個人的身分資訊（personally identifiable information，PII）不應成為 URL 的一部分。

從 URL 中刪除敏感資料的原因是，路徑或查詢參數可能無意中被快取在網路中，例如在伺服器日誌（server logs）或其他地方。

API 的另一個困難之處在於命名（naming）。正如我們將在第 15 頁的「API 版本控制」中討論的那樣，像更改名稱這樣簡單的事情可能破壞相容性。在 Microsoft REST API Guidelines 中有應該使用的標準名稱的一個簡短清單，不過團隊應該擴充這個清單，以擁有一個共通的領域資料字典來補充這些標準。在許多組織中，主動調查以資料設計為中心的需求，或在某些情況下，以管理為中心的需求，都是非常有幫助的。在公司供應的所有 API 中提供一致性的那些組織，呈現出一種統一性，使消費者能夠理解和連接回應。在某些領域，可能已經有了廣為人知的術語，請使用它們！

群集和編頁

將 GET /attendees 請求（request）建模為包含一個原始陣列的回應（response），似乎是合理的。下面的源碼片段顯示了可能作為回應主體（response body）的一個例子：

```
GET http://mastering-api.com/attendees
---
200 OK
[
    {
        "displayName": "Jim",
        "givenName": "James",
        "surname": "Gough",
        "email": "jim@mastering-api.com",
        "id": 1,
    },
    ...
]
```

讓我們考慮一下 GET /attendees 請求的另一種模型，將出席者的陣列內嵌在一個物件中。一個陣列回應放在一個物件中回傳，似乎很奇怪，不過原因是這允許我們對更大型的群集（collections）和編頁（pagination）進行建模。編頁涉及回傳部分結果，同時提供消費者如何請求下一組結果的指示。這是摘取後見之明的好處，因為之後才添加編頁，並將陣列轉換為物件以新增一個 @nextLink（如標準所建議的）會破壞相容性：

```
GET http://mastering-api.com/attendees
---
200 OK
{
    "value": [
        {
            "displayName": "Jim",
            "givenName": "James",
            "surname": "Gough",
            "email": "jim@mastering-api.com",
```

```
            "id": 1,
        }
    ],
    "@nextLink": "{opaqueUrl}"
}
```

過濾群集

我們的會議只有一個出席者，看起來有點孤單，然而當群集的規模越來越大時，除了編頁，我們可能還得增加過濾（filtering）功能。過濾的標準在 REST 內提供了一種運算式語言（expression language），依據 OData Standard，標準化了過濾查詢（filter queries）的行為方式。舉例來說，我們可以透過以下方式找到 displayName 為 Jim 的所有出席者：

```
GET http://mastering-api.com/attendees?$filter=displayName eq 'Jim'
```

沒有必要從一開始就完成所有的過濾和搜尋功能。然而，按照標準設計 API 將允許開發者支援不斷發展的 API 架構，而且不會破壞消費者的相容性。過濾和查詢是 GraphQL 真正擅長的功能，特別是在跨越你的許多服務進行查詢和過濾變得很重要之時。

錯誤處理

在向消費者擴充 API 時，一個重要的考量是定義在各種錯誤場景中應該發生什麼事。預先定義錯誤標準（error standards，*https://oreil.ly/creK4*）並與生產者分享以提供一致性，是很實用的。重要的是，錯誤要向消費者準確地描述請求出了什麼問題，因為這將避免 API 支援工作的增加。

指導方針指出：「對於非成功的情況，開發者應該（*SHOULD*）能夠編寫一段程式碼以一致的方式處理錯誤」。必須向消費者提供精確的狀態碼（status code），因為消費者往往會圍繞著回應中所提供的狀態碼來建置邏輯。我們看過許多 API 在主體中回傳錯誤，同時回傳 2xx 類型的回應，後者用來表示成功。用於重導（redirects）的 3xx 狀態碼被一些消費者程式庫的實作積極遵循，使提供者能夠重新定位並存取外部資源。4xx 通常表示客戶端的錯誤，此時，message 欄位的內容對開發者或終端使用者來說會非常有用。5xx 一般代表伺服端的故障，有些客戶端程式庫會在遇到這些類型的錯誤時進行重試。很重要的是，要依據意外的故障情況，來考慮並記錄服務中發生事情。舉例來說，在一個支付系統中，500 代表付款已經通過，還是沒有通過？

請確保發回給外部消費者的錯誤訊息不包含堆疊追蹤軌跡（stack traces）和其他敏感資訊。這種資訊可能幫助駭客取得系統的控制權。Microsoft 指導方針中的錯誤結構有 *InnerError* 的概念，它可以用來放置問題更詳細的堆疊追蹤軌跡或描述。這對除錯會有很大的幫助，但必須在送給外部消費者之前被剝離。

在建置 REST API 方面，我們才剛剛觸及表面，但顯然，開始構建 API 時，有許多重要的決定要做。如果我們要把呈現直觀 API 使其具有一致性，以及讓 API 能夠不斷發展並具有相容性的願望都結合起來，那麼就值得儘早採用 API 標準。

ADR 指導方針：挑選一個 API 標準

要對 API 標準做出決定，表 1-2 中的指導方針列出了需要考慮的重要議題。有一系列的準則可供選擇，包括本節討論的 Microsoft 指導方針，找出最符合正在製作的 API 之風格的指導方針，是一個關鍵的決定。

表 1-2　API 標準的指導方針

決策	我們應該採用哪個 API 標準？
討論重點	組織在公司內部是否已經有其他標準？我們能否將那些標準延伸到外部消費者？我們是否使用任何需要向消費者公開的第三方 API（例如 Identity Services），而那些 API 已經有了標準？沒有標準的話，對我們的消費者可能會有什麼影響？
建議	挑選一個最符合組織文化和你們可能已經有的 API 格式的 API 標準。準備好為標準添加任何領域或業界特定的修正並加以發展。從早期就開始進行，以避免之後為了一致性而不得不破壞相容性。以批判性的角度審視現有 API。它們的格式是消費者能夠理解的，還是需要更多的努力才能提供內容？

使用 OpenAPI 描述 REST API 的規格

正如我們開始看到的，API 的設計是 API 平台成功的基礎。接下來要討論的是與使用我們 API 的開發者分享 API。

API 市場為消費者提供一個公開或私有的 API 清單。開發者可以瀏覽說明文件並在瀏覽器中快速嘗試 API，以探索 API 的行為和功能。公開和私有的 API 市場已經將 REST API 置於消費者空間的顯著位置。REST API 的成功是由技術環境和客戶端及伺服器的低門檻所驅動的。

隨著 API 數量的增加，很快就需要有一個機制來與消費者分享 API 的形狀（shape）和結構（structure）。這就是為什麼 API 的業界領導者成立了 OpenAPI Initiative，以構建 OpenAPI Specification（OAS）。Swagger 是 OpenAPI Specification 最初的參考實作，但現在大多數工具都已趨向於使用 OpenAPI。

OpenAPI Specification 是基於 JSON 或 YAML 的 API 表示法，描述 API 的結構、交換的領域物件（domain objects）和任何安全需求。除了結構之外，它們還傳達了關於 API 的詮釋資料（metadata），包括任何法律或授權規定，並且還帶有對消耗 API 的開發者有用的說明文件和範例。OpenAPI Specification 是圍繞現代 REST API 的一個重要概念，許多工具和產品都是基於它的使用來建置的。

OpenAPI Specification 的實際應用

一旦分享了一個 OAS，規格（specification）的力量就開始變得明顯。OpenAPI.Tools（*https://oreil.ly/8dFUS*）廣泛記錄了可用的開放和封閉工具。在這一節中，我們將根據這些工具與 OpenAPI Specification 的互動來探討它們的一些實際應用。

在 CFP 團隊是消費者的情況下，分享 OAS 使團隊能夠了解 API 的結構。透過下面的一些實際應用，既可以幫忙改善開發者的體驗，又可以確保交換的健康。

程式碼產生

OAS 最有用的功能之一或許就是能幫忙產生客戶端的程式碼來消耗 API。正如前面所討論的，我們可以包括伺服器的全部細節、安全性，當然還有 API 結構本身。有了所有的這些資訊，我們就可以生成一系列的模型和服務物件來表示和呼叫 API。OpenAPI Generator（*https://oreil.ly/wx0Ce*）專案支援廣泛的語言和工具鏈。舉例來說，在 Java 中你可以選擇使用 Spring 或 JAX-RS，在 TypeScript 中你可以選擇 TypeScript 與你喜歡的框架之組合。從 OAS 產生 API 的 implementation stubs（實作殘根），也是可能的。

這就引出了一個重要的問題：先出現的是什麼？規格還是伺服端的程式碼？在第 2 章，我們會討論「契約追蹤（contract tracing）」，它提出了一種行為驅動（behavior-driven）的做法來測試和構建 API。OpenAPI Specification 所面臨的挑戰是，單憑規格只能傳達 API 的「形狀」。OpenAPI Specification 並沒有為 API 在不同條件下的語意（或預期行為）建立完整的模型。如果你要向外部使用者呈現一個 API，很重要的是，要對行為的範圍進行建模和測試，以幫忙避免以後不得不大幅更改 API 的情況。

API 應該從消費者的角度來設計,並考慮對底層表徵(representation)進行抽象化以減少耦合的需求。重要的是能在幕後自由地重構元件而不破壞 API 的相容性,否則 API 抽象層(abstraction)就失去了價值。

OpenAPI 驗證

OpenAPI Specification 很適合用來驗證一個交換的內容,以確保請求和回應符合規格的期望。起初,它的用處似乎並不明顯:如果程式碼被產生出來,那交換肯定是正確的,不是嗎?OpenAPI 驗證(validation)的一個實際應用是確保 API 和 API 基礎設施(API infrastructure)的安全性。在許多組織中,分區架構(zonal architecture)是很常見的,其中含有非軍事區(demilitarized zone,DMZ)的概念,設置在網路和入境訊務(inbound traffic)之間,用以保護網路。一個有用的功能是在 DMZ 中盤問訊息,如果規格不符合,就終止該訊務。我們將在第 6 章更詳細地涵蓋安全問題。

舉例來說,Atlassian 開源了一個名為 swagger-request-validator(*https://oreil.ly/HLCzT*)的工具,它能夠驗證 JSON 的 REST 內容。該專案還擁有與各種 mocking 和測試框架整合起來的配接器(adapters),以在測試中幫忙確保 API 規格有符合。該工具有一個 `OpenApiInteractionValidator`,用來建立一個交換的 `ValidationReport`。下列程式碼示範如何從規格建立出一個驗證器(validator),包括任何 `basePathOverrides`,如果是在會改變路徑的基礎設施後面部署一個 API,這可能就是必要的。驗證報告(validation report)是在執行驗證之時透過分析請求和回應所生成的:

```
// 使用規格的位置創建一個互動驗證器
// 如果驗證器會在一個 gateway 或 proxy 後使用,
// 基礎路徑覆寫(base path override)就會很有用
final OpenApiInteractionValidator validator = OpenApiInteractionValidator
        .createForSpecificationUrl(specUrl)
        .withBasePathOverride(basePathOverride)
        .build;

// 請求和回應物件可以使用一個 builder 來轉換或創建
final ValidationReport report = validator.validate(request, response);

if (report.hasErrors()) {
    // 捕捉或處理錯誤資訊
}
```

範例與 Mocking

OAS 可以為規格中的路徑提供範例回應（example responses）。正如我們討論過的，對於說明文件來說，範例是很有用的，可以幫助開發者理解預期的 API 行為。一些產品已經開始運用範例，允許使用者查詢 API 並從一個模擬服務（mock service）回傳範例回應。這在開發人員入口網站（developer portal）等功能中可能非常有用，它能讓開發人員探索說明文件並調用 API。模擬（mocks）和範例的另一個實用功能是能在投入建立服務之前，於生產者和消費者之間分享想法。「試一下」API 的能力往往比試著審查一個規格是否滿足你的需求更有價值。

範例有可能引入一個有趣的問題，那就是規格的這一部分基本上是一個字串（為了給 XML/JSON 等建模）。openapi-examples-validator（*https://oreil.ly/bM9fp*）驗證一個範例是否與 API 相應的 request/response component 的 OAS 相匹配。

偵測變更

OpenAPI Specification 也有助於檢測 API 的變更。作為 DevOps 管線（DevOps pipeline）的一部分，這可能是非常實用的。檢測變更的回溯相容性（backward compatibility）是非常重要的，但首先我們需要更詳細地了解 API 的版本控制（versioning）。

API 版本控制

我們已經探討了與消費者分享 OAS 的好處，包括整合的速度。考慮一下多個消費者開始使用 API 進行運算的情況。當 API 有變化或者其中一個消費者要求在 API 中增加新功能時，會發生什麼事？

讓我們退一步思考，如果這是在編譯時期內建到我們應用程式中的程式庫。對程式庫的任何改動都會被打包成一個新的版本，而在程式碼重新編譯並針對新的版本測試過之前，對生產用的應用程式都不會有任何影響。由於 API 是持續運行的服務，有人請求變更時，我們有幾個立即可用的升級選項存在：

發佈新的版本並部署在新的位置

舊的應用程式繼續使用舊版 API 進行運算。從消費者的角度來看，這很不錯，因為消費者只要在需要新的功能時，再升級到新的位置和 API 就可以了。然而，API 的擁有者需要維護和管理 API 的多個版本，包括可能需要的任何修補和錯誤更正。

發佈回溯相容上一版本 *API* 的新版 *API*

這允許在不影響 API 現有使用者的情況下進行補充性的變更。消費者不用做任何改變，但我們可能需要考慮升級過程中新舊版本的停機時間或可用性。如果有一個小型的錯誤修正，變更了像錯誤欄位名稱這樣的小東西，這就會破壞相容性。

打破與之前 *API* 的相容性，所有消費者必須升級程式碼以使用新的 *API*

這乍看之下似乎是一個可怕的想法，因為這將導致生產過程中出現意外的中斷[1]。然而，可能會出現的情況是，破壞與舊版本的相容性是無法避免的。這種類型的變更可能會引發需要協調停機時間鎖定整個系統的變化。

挑戰在於，所有這些不同的升級方案都有優勢，但也有缺點，無論是對消費者還是生產者。現實情況是，我們希望能夠支援所有三種選擇的組合。為了做到這一點，我們需要為版本控制，以及將版本對外開放給消費者的方式，引入相關規則。

Semantic Versioning

Semantic versioning（語意版本控制，*https://semver.org*）提供了一種途徑，讓我們可以將其套用於 REST API，來為我們提供前述升級選項的組合。Semantic versioning 定義了歸因於 API 發行版本的一個數字表徵。該數字的基礎是與前一版本相比的行為變化，使用下列規則：

- 主要版本（*major* version）引入了與之前的 API 版本不相容的變化。在一個 API 平台上，升級到一個新的主要版本是消費者的主動決策。消費者升級到新的 API 時，可能會有遷移的指導方針和紀錄。

- 次要版本（*minor* version）引入了與前一版本的 API 回溯相容的變化。在一個 API 服務平台中，消費者接收次要版本而不在客戶端做出主動變更是可以接受的。

- 修補版本（*patch* version）不改變或引進新功能，而用於修復現有功能某個 `Major.Minor` 版本的錯誤。

語意版本控制的格式可以表示為 `Major.Minor.Patch`。舉例來說，1.5.1 代表主要版本 1、次要版本 5，修補版本為 1。在第 5 章中，你將探討語意版本控制如何與 API 生命週期和發佈的概念聯繫起來。

1　我們曾多次遇到這種情況，通常都是某個星期一要處理的第一件事！

OpenAPI Specification 和版本控制

既然我們已經探討過版本控制，現在可以看一下使用 Attendee API 規格的破壞性變更和非破壞性變更的例子。要比較規格，有幾個工具可以選擇，在這個例子中我們將使用 OpenAPITools（*https://oreil.ly/QrgTf*）的 openapi-diff。

我們將從破壞性變更開始：我們會把 givenName 欄位的名稱改為 firstName。這是一個破壞性變更，因為消費者預期要剖析的是 givenName，而非 firstName。我們能透過以下命令從 docker 容器中執行這個 diff 工具：

```
$docker run --rm -t \
  -v $(pwd):/specs:ro \
  openapitools/openapi-diff:latest /specs/original.json /specs/first-name.json
========================================================================
...
- GET     /attendees
  Return Type:
    - Changed 200 OK
      Media types:
        - Changed */*
         Schema: Broken compatibility
         Missing property: [n].givenName (string)
--------------------------------------------------------------------
--                            Result                              --
--------------------------------------------------------------------
          API changes broke backward compatibility
------------------------------------------------------------------
```

我們可以試著為 /attendees 回傳型別（rcturn type）添加一個新的屬性，以增加一個名為 age 的額外欄位。新增欄位不會破壞現有行為，因此不會打破相容性：

```
$ docker run --rm -t \
  -v $(pwd):/specs:ro \
openapitools/openapi-diff:latest --info /specs/original.json /specs/age.json
========================================================================
...
- GET     /attendees
  Return Type:
    - Changed 200 OK
      Media types:
        - Changed */*
         Schema: Backward compatible
--------------------------------------------------------------------
--                            Result                              --
--------------------------------------------------------------------
          API changes are backward compatible
------------------------------------------------------------------
```

這很值得一試，來看看哪些變更會是相容的，哪些不是。引入這種類型的工具作為 API 管線的一部分，將有助於避免意外做出與消費者不相容的變更。OpenAPI Specification 是一個 API 程式重要的組成部分，當與工具、版本控制和生命週期相結合時，它們是非常有價值的。

 工具通常是針對特定 OpenAPI 版本的，所以檢查工具是否支援你正在使用的規格，是很重要的。在前面的例子中，我們用一個較早版本的規格試了一下那個 diff 工具，就沒有偵測到任何破壞性變更。

以 gRPC 實作 RPC

東西服務（east–west services），例如 Attendee，往往會有比較高的流量，可以實作為讓整個架構使用的微服務（microservices）。由於在生態系統內的資料傳輸量較小且速度較快，gRPC 可能是比 REST 更適合東西服務的工具。任何效能決策都應該經過測量，以了解詳情。

讓我們探討一下如何使用 Spring Boot Starter（*https://oreil.ly/opOij*）快速創建一個 gRPC 伺服器。下面的 *.proto* 檔案所建模的對象，與我們在 OpenAPI Specification 範例中探索的 **attendee** 物件相同。就跟 OpenAPI Specification 一樣，從一個結構描述（schema）產生程式碼是很快速的，並且支援多種語言。

這個出席者 *.proto* 檔案定義了一個空請求，並回傳一個重複的 **Attendee** 回應。在用於二進位表示（binary representations）的協定中，要注意欄位的位置和順序是很關鍵的，因為它們控制著訊息的版面配置。添加一個新的服務或新的方法是回溯相容的，就像為訊息新增一個欄位一樣，但必須慎重。新添加的任何欄位都不能是強制欄位（mandatory fields），否則回溯相容性就會被打破。

移除或重新命名一個欄位都會破壞相容性，改變一個欄位的資料型別也是如此。改變欄位編號（field number）也是一種問題，因為欄位編號就是在線路上用來識別欄位的。gRPC 的編碼限制意味著定義必須非常具體。REST 和 OpenAPI 可以說相當寬容，因為規格只是一種指引[2]。額外的欄位和排列順序在 OpenAPI 中並不重要，因此涉及到 gRPC 時，版本控制和相容性就更加重要了：

2　在執行時期驗證 OpenAPI Specification 有助於施加更嚴格的限制。

```
syntax = "proto3";
option java_multiple_files = true;
package com.masteringapi.attendees.grpc.server;

message AttendeesRequest {
}

message Attendee {
  int32 id = 1;
  string givenName = 2;
  string surname = 3;
  string email = 4;

}

message AttendeeResponse {
  repeated Attendee attendees = 1;
}

service AttendeesService {
  rpc getAttendees(AttendeesRequest) returns (AttendeeResponse);
}
```

下面的 Java 程式碼展示了一個簡單的結構，用來在所產生的 gRPC 伺服器類別上實作行為：

```
@GrpcService
public class AttendeesServiceImpl extends
    AttendeesServiceGrpc.AttendeesServiceImplBase {

    @Override
    public void getAttendees(AttendeesRequest request,
        StreamObserver<AttendeeResponse> responseObserver) {
          AttendeeResponse.Builder responseBuilder
              = AttendeeResponse.newBuilder();

          // 充填回應
          responseObserver.onNext(responseBuilder.build());
          responseObserver.onCompleted();
    }
}
```

你可以在本書的 GitHub 頁面（*https://oreil.ly/GMy9m*）上找到為此例子建模的 Java 服務。若不使用額外的程式庫，gRPC 無法直接用瀏覽器來做查詢，不過你可以安裝 gRPC UI（*https://oreil.ly/F4C78*）以使用瀏覽器進行測試。grpcurl 也提供了一個命令列工具：

```
$ grpcurl -plaintext localhost:9090 \
    com.masteringapi.attendees.grpc.server.AttendeesService/getAttendees
{
  "attendees": [
    {
      "id": 1,
      "givenName": "Jim",
      "surname": "Gough",
      "email": "gough@mail.com"
    }
  ]
}
```

gRPC 提供了查詢我們服務的另一種選擇，並定義了讓消費者用以產生程式碼的一種規格。相較於 OpenAPI，gRPC 有更嚴格的規格，要求消費者必須了解方法和內部細節。

為交換（Exchanges）建模並挑選一種 API 格式

在導論中，我們討論了訊務模式（traffic patterns）的概念，以及源自生態系統外部的請求和生態系統內部請求之間的區別。訊務模式是決定手頭問題之適當 API 格式的重要因素。若是完全控制了我們基於微服務之架構內的服務和交換，我們就可以開始做出對外部消費者無法做到的妥協。

很重要的是，必須認識到東西服務的效能特徵可能比南北服務更適用。在南北交換中，來自生產者環境之外的訊務一般會涉及使用網際網路（internet）的交換。網際網路引入了高度的延遲，而 API 架構應始終考慮到每個服務的複合效應。在一個基於微服務的架構中，一個南北向的請求很可能涉及多個東西向的交換。高東西向流量的交換需要有效率，以避免疊加的遲緩傳播回消費者那邊。

高流量的服務

在我們的例子中，Attendee 是一個中央服務。在一個基於微服務的架構中，各元件將追蹤記錄一個 attendeeId。提供給消費者的 API 將有可能取回儲存在 Attendee 服務中的資料，而且在規模上，它將是一個高流量的元件。如果服務之間的交換頻率很高，那麼隨著使用量的增加，出於承載大小（payload size）和一個協定相對於另一個協定之限制而產生的網路傳輸成本，將更加龐大。這種成本可能表現為每次傳輸的金錢成本、或訊息到達目的地所需的總時間。

大型交換承載

大型的承載也可能成為 API 交換中的一種挑戰，並且容易導致網路傳輸效能下降。建立在 JSON 之上的 REST 是人類可讀的，通常比固定或二進位的表示法更囉嗦，這也助長了承載大小的增加。

一個常見的誤解是「人類可讀性（human readability）」被引用為在資料傳輸中使用 JSON 的主要原因。在使用現代追蹤工具的情況下，開發人員需要讀取訊息的次數與效能考量做比較的話，前者並不是什麼強而有力的理由。從頭到尾閱讀大型 JSON 檔案的情況也很罕見。更好的日誌記錄和錯誤處理可以減低「人類可讀性」論點的說服力。

大型承載交換的另一個要素是元件將訊息內容剖析為語言層級領域物件（language-level domain objects）的時間。剖析資料格式的效能時間因實作服務的語言不同而大不相同。舉例來說，相較於二進位表示法，許多傳統的伺服端語言在處理 JSON 時可能很吃力。值得探索剖析的影響，並在選擇交換格式時包括這一考量。

HTTP/2 效能優勢

使用基於 HTTP/2 的服務可以透過支援二進位壓縮和訊框化（framing）來幫助提高交換的效能。二進位訊框層（binary framing layer，*https://oreil.ly/5Ql7R*）對開發者來說是透明的，但在幕後會將訊息分割並壓縮成更小型的區塊。二進位訊框化的優點是它允許在單一連線上進行完整的請求和回應多路複用（multiplexing）。請考慮在另一個服務中處理一個串列的情況，而要求是取回 20 個不同的出席者。如果我們以個別的 HTTP/1 請求來取回這些資料，就需要建立 20 個新 TCP 連線的額外成本。多路複用允許我們在單一個 HTTP/2 連線上進行 20 個獨立的請求。

gRPC 預設使用 HTTP/2，並透過使用二進位協定來減低交換的大小。如果頻寬是問題或成本，那麼 gRPC 將提供優勢，特別是在內容承載的大小顯著增加時。如果承載頻寬是一種累積性的考量，或服務會交換大量的資料，那麼 gRPC 可能比 REST 更有利。如果大量資料的交換很頻繁，也值得考慮 gRPC 的一些非同步（asynchronous）功能。

HTTP/3 即將問世，它將改變一切。HTTP/3 使用 QUIC，一個建立於 UDP 之上的傳輸層協定。你可以在 HTTP/3 explained 中找到更多資訊（*https://oreil.ly/DM1j9*）。

舊有格式

並非架構中的所有服務都將基於現代設計。在第 8 章,我們將研究如何隔離和演進老式元件,因為舊有元件將是發展架構的一個積極考量點。重要的是,參與 API 架構的人要理解引入老式元件對整體效能的影響。

指導方針:為交換建模

當消費者是傳統會議系統的團隊時,這種交換通常是一種東西向的關係。當消費者是 CFP 團隊時,交換通常是一種南北向的關係。耦合和效能需求的差異將要求各團隊考慮如何對交換進行建模。你會在表 1-3 所示的指導方針中看到一些需要考慮的面向。

表 1-3　為交換建模指導方針

決策	應該用什麼格式來為我們服務的 API 建模?
討論重點	交換是南北向的還是東西向的?我們是否能控制消費者的程式碼? 是否有一個跨越多個服務的強大業務領域,或者我們想讓消費者構建他們自己的查詢? 我們需要有什麼樣的版本控制考量? 底層資料模型的部署和變更頻率有多高? 這是否是頻寬或效能問題已被提出的一個高流量服務?
建議	如果 API 是由外部使用者所消耗的,那麼 REST 的進入門檻比較低,並提供了一個強大的領域模型。有外部使用者通常也意味著我們想要鬆散耦合和低依存關係的服務。 如果 API 是在生產者就近控制的兩個服務之間進行互動,或者服務被證明是高流量的,可以考慮 gRPC。

多個規格

在本章中,我們探討了在 API 架構中需要考慮的各種 API 格式,也許最終的問題是「我們能提供所有的格式嗎?」。答案是肯定的,我們支援的 API 可以有一個 RESTful 呈現方式、一個 gRPC 服務和對 GraphQL 結構描述的連線。然而,這並不容易,也可能不是正確的做法。在這最後一節中,我們將探討多格式 API 的一些可用選項,以及它可能帶來的挑戰。

黃金規格是否存在？

出席者的 *.proto* 檔案和 OpenAPI Specification 看起來沒有太大區別，它們都包含相同的欄位，都有資料型別。是否有可能使用 openapi2proto 工具（*https://oreil.ly/f11XL*）從一個 OAS 產生出一個 *.proto* 檔案？執行 `openapi2proto --spec spec-v2.json` 將輸出欄位預設按字母順序排列的 *.proto* 檔案。這沒什麼問題，直到我們在 OAS 中添加一個回溯相容的新欄位，突然間所有欄位的 ID 都變了，破壞了回溯相容性。

下面的範例 *.proto* 檔案顯示，添加一個 `a_new_field` 新欄位將依照字母順序被放到開頭，改變了二進位格式，破壞現有的服務：

```
message Attendee {
    string a_new_field = 1;
    string email = 2;
    string givenName = 3;
    int32 id = 4;
    string surname = 5;
}
```

 有其他工具可以解決規格轉換的問題，然而值得注意的是，有些工具只支援 OpenAPI Specification 的第 2 版。就一些以 OpenAPI 為中心而建立的工具而言，在版本 2 和版本 3 之間移動所花費的時間，導致許多產品需要支援 OAS 的兩個版本。

另一個替代選擇是 grpc-gateway（*https://oreil.ly/u2Em7*），它會產生一個反向代理（reverse proxy），在 gRPC 服務之前提供一個 REST 門面（facade）。反向代理是在建置時依據 *.proto* 檔案生成的，並將盡力產生一個對 REST 映射，類似於 openapi2proto。你也可以在 *.proto* 檔案中提供擴充，以將 RPC 方法映射到 OAS 中的一個良好表徵：

```
import "google/api/annotations.proto";
//...
service AttendeesService {
  rpc getAttendees(AttendeesRequest) returns (AttendeeResponse) {
  option(google.api.http) = {
    get: "/attendees"
  };
}
```

使用 grpc-gateway 為我們提供了同時供應 REST 和 gRPC 服務的另一種選擇。然而，grpc-gateway 所涉及的幾道命令和設定，只有用過 Go 語言或其建置環境的開發者才會熟悉。

結合規格的挑戰

重要的是在這裡暫退一步，考慮一下我們正在努力做些什麼。轉換自 OpenAPI 時，等同於是要將我們的 RESTful 表徵轉換為一系列的 gRPC 呼叫。我們正試圖將一個經過擴充的超媒體領域模型（hypermedia domain model）轉換為一種較低階的函式對函式呼叫（function-to-function call）。這是對 RPC 和 API 之間差異的潛在混淆，很可能會導致維持相容性的困難。

在將 gRPC 轉換為 OpenAPI 時，我們會有一個類似的問題：目的是試圖將 gRPC 變成 REST API 的樣子。這很可能會在服務的發展過程產生一系列困難的議題。

一旦規格被結合或從彼此產生，版本控制就成為了一種挑戰。重要的是得注意 gRPC 和 OpenAPI 規格如何維護各自的相容性需求。將 REST 領域與 RPC 領域耦合在一起，是否合理並增加整體價值，是一個應該好好判斷的主動決策。

與其從南北向生成東西向的 RPC，更有意義的是細心設計基於微服務的架構（RPC）之通訊，獨立於 REST 表徵，允許兩個 API 自由演進。這是我們為會議案例研究所做出的選擇，將作為 ADR 記錄在專案中。

總結

在這一章中，我們涵蓋了如何設計、建置和描述 API 的規格，以及你可能會選擇 REST 或 gRPC 的不同情況。重要的是要記住，這不是 REST 和 gRPC 誰比較好的問題，而是在給定的情況下，哪個是最適合用來為交換建模的選擇。關鍵的收穫是：

- 在大多數技術中，構建基於 REST 和 RPC 的 API 之障礙很低。仔細考慮設計和結構是一項重要的架構決策。

- 在 REST 和 RPC 模型之間進行挑選時，要考慮 Richardson 成熟度模型（Richardson Maturity Model）以及生產者和消費者之間的耦合程度。

- REST 是一個相當寬鬆的標準。建置 API 時，符合商定的 API 標準可以確保你的 API 是一致的，並且對你的消費者而言有可預期的行為。API 標準還可以幫忙規避可能導致不相容 API 的潛在設計決策。

- OpenAPI 規格是分享 API 結構和自動化許多程式設計相關活動的有用方式。你應該積極挑選 OpenAPI 的功能，並選出哪些工具或生成功能將被應用於專案。

- 版本控制（Versioning）是一個重要的主題，它增加了生產者的複雜性，但對於消費者來說，卻又是讓 API 更容易使用的必要條件。對外開放給消費者的 API 若沒有進行版本控制的規劃，是很危險的。版本控制應該是產品功能集的一個主動決策，而向消費者傳達版本資訊的機制應該是討論的一部分。

- gRPC 在高頻寬交換中的表現非常優越，是東西向交換的理想選擇。gRPC 的工具很強大，在建立交換模型時提供了另一種選擇。

- 對多個規格進行建模開始變得相當棘手，尤其是從一種規格產生出另一種規格的時候。版本控制使問題進一步複雜化，但也是避免破壞性變更的一個重要因素。在將 RPC 表徵（representations）與 RESTful API 表徵結合起來之前，團隊應該仔細思考，因為在使用和對消費者程式碼的控制方面存在著根本的差異。

API 架構所面臨的挑戰是如何滿足消費者業務角度的需求，以 API 為中心創造出良好的開發者體驗，並避免非預期的相容性問題。在第 2 章中，你將探索對確保服務有滿足這些目標而言至關重要的測試（testing）。

測試 API

第 1 章介紹了不同類型的 API 以及它們為你的架構所提供的價值。本章透過回顧測試 API 的做法來結束本書「設計、建置並測試 API」的部分。在導論中提取出來的新 Attendee API 顯然應該經過測試和驗證。我們相信，測試是構建 API 的核心所在。它有助於為你提供高度的信心，確保你的服務有按預期工作，這將幫助你向 API 消費者提供高品質的產品。只有在各種不同的條件之下測試過你的 API，你才能獲得信心，相信它有正確運作。

建置 API 時，就像創造任何產品一樣，驗證產品是否照預期運作的唯一方式就是測試它。就護齒套而言，這可能意味著對產品進行拉扯、擊打、推拉，甚至是執行模擬[1]。

正如第 12 頁的「使用 OpenAPI 描述 REST API 的規格」中所討論的，API 不應該回傳與說明文件中所記載的有所不同的任何東西。如果一個 API 引入了破壞性的變更，或者由於檢索結果的時間過長而導致網路逾時，也是很令人沮喪的。這些類型的問題會使客戶離開，而這些問題完全可以透過圍繞 API 服務建立高品質的測試來加以預防。任何建置出來的 API 都應該準備好滿足各種需求，包括向提供錯誤輸入的使用者發送有用的回饋、安全，並根據議定的 SLI（service-level indicators，服務等級指標）在指定的 SLO（service-level objective，服務等級目標）之內回傳結果[2]。

---

1 Matthew 的朋友擁有一家護齒套公司，他聽到了關於測試產品完整性的艱鉅過程。不會有人希望自己買的護齒套的第一次產品測試，是在比賽中進行！
2 第 5 章將更詳細地討論 SLO 和 SLI。

在這一章中，我們將介紹可以應用於你 API 的不同類型的測試，以幫忙避免這些問題發生。

我們將強調每一種測試的優點和缺點，這樣你就可以決定在哪些方面最適合投資你的時間。我們將專注於測試 API 和我們認為你將獲得最大價值的地方，我們不會涵蓋服務的一般性測試。本章含有額外的資源，供那些尋求更深入且專門的測試知識的讀者使用。

本章的會議系統場景

在第 xxxvi 頁前言的「Attendee 的演化 ADR」中，我們解釋了將 Attendee API 與會議系統的其他部分拆離的原因。Attendee API 的分離引入了新的互動。如圖 2-1 所示，Attendee API 將被外部 CFP 系統和傳統的會議系統使用。這一章涵蓋 Attendee 服務所需的測試，以及測試如何幫忙驗證傳統會議系統和 Attendee API 之間的互動。我們加總起來，已經看過了足夠多的 API 是如何變得不一致，或者在新版本中產生非預期的破壞性變更，這主要是由於缺乏測試。對於新的 Attendee API 來說，重要的是確保它有避開這些陷阱，讓人相信總是會回傳對的結果，而達成這一目標的唯一途徑就是投資於正確的測試水平。

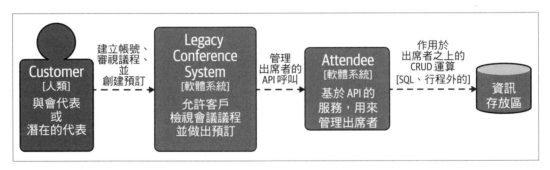

圖 2-1　本章的場景

測試可以套用於 API 的不同層面，從構成服務的單個構件開始，一直到驗證它作為整個生態系統一部分是否順利運作。在向你展示一些可用於 API 測試的工具和框架之前，重要的是了解可運用的策略。

測試策略

測試很重要，它能確保你正在建立一個可以運作的應用程式。然而，你不希望只是可以運作，你還希望它有正確的行為。不過現實中，你編寫測試的時間和資源有限，所以你得確保不會浪費計算週期來編寫幾乎沒有價值的測試。畢竟，對客戶的價值出自於你在生產環境中執行時。因此，你需要明智地決定應該使用的測試覆蓋率和不同類型測試的比例。避免建立無關緊要的測試、重複的測試，以及花費的時間和資源比其所提供的價值更多的測試（即 flaky tests，「不穩定的測試」）。並非所有引入的測試都需要實作才能發佈 API，由於時間限制和業務需求，這可能行不通。

為了指引你為你的案例取得正確的平衡和適當的測試，我們將介紹測試象限（test quadrant）和測試金字塔（test pyramid）。這些將使你專注在識別出你應該實作的測試。

測試象限

測試象限是由 Brian Marick 在其關於敏捷測試（agile testing）的部落格系列（*https://oreil.ly/JAg7C*）中首次提出的。這在 Lisa Crispin 和 Janet Gregory（Addison-Wesley）的《*Agile Testing*》（*https://agiletester.ca*）一書中得到推廣而變得普及。建置 API 的技術面關心的是它是否有被正確構建，它的各個部分（如函式或端點）是否按照預期的方式回應，以及它是否有彈性，能在例外情況下繼續運作。企業關心的是正在開發的服務是否是對的那種（例如在我們的案例中，Attendee API 是否提供了對的功能）。澄清一下，在此「企業」一詞是指對產品和應該開發的特性和功能有明確認知的人，他們不需要有技術上的理解。

測試象限所匯集的測試，既有助於技術利害關係者，也有益於商業利害關係者：每個觀點對於優先順序都會有不同的意見。測試象限流行的視覺化表現在圖 2-2 中。

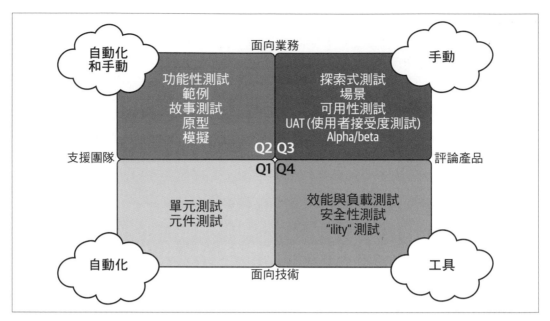

圖 2-2　Agile Test Quadrants 來自 Lisa Crispin 和 Janet Gregory 所著的《*Agile Testing*》
（Addison-Wesley）

測試象限並沒有描寫任何順序。四象限的標注是為了方便交流，這是 Lisa 在她的一篇部落格貼文中描述的一個常見的混亂來源（*https://oreil.ly/n2lwu*）。這四個象限一般可以描述如下：

Q1

技術的單元（unit）和元件（component）測試。這些應該驗證已經建立的服務是否正常運作，這種驗證應該使用自動測試進行。

Q2

與業務一起測試。這些確保正在建置的東西是有意義的。這可以透過自動測試來驗證，也可以包括手動測試。

Q3

為業務進行測試。這是為了確保功能需求得到滿足，也包括探索式測試（exploratory testing）。圖 2-2 最初被創造出來時，這種類型的測試是手動的；現在，在這個領域也可以進行自動測試。

Q4

確保現有的東西從技術角度來看是可行的。從 Q1，你知道所建立的東西可以運作；但是，當產品被使用時，它的表現是否符合預期？從技術觀點看，正確執行的例子可以包括安全執法（security enforcement）、SLA 完整性和自動擴展（autoscaling）。

象限的左邊（Q1、Q2）全都關於產品支援。它幫忙指引產品發展並防止缺陷。右側（Q3、Q4）關於評論產品和發現缺陷。象限的頂部（Q2、Q3）是你產品的外部品質，確保它滿足你使用者之期望，這也是企業認為重要的地方。象限的底部（Q1、Q4）是技術面向的測試，用以維持你應用程式的內部品質 [3]。

測試象限並沒有說你應該從哪裡開始測試，它幫忙引導你找出你可能想要的測試。這是你必須決定的事情，應該基於對你來說很重要的因素。舉例來說，一個票務系統必須處理大型的流量高峰，所以最好先確保你的票務系統是有彈性的（例如效能測試）。這將是 Q4 的一部分。

測試金字塔

除了測試象限，測試金字塔（test pyramid，也稱為「測試自動化金字塔」，test automation pyramid）可以作為你們測試自動化策略的一部分。測試金字塔最早是由 Mike Cohn 在《*Succeeding with Agile*》（*https://oreil.ly/iHOra*）一書中介紹的。這個金字塔闡述一個概念：在一個給定的測試區域（test area）應該花費多少時間，其相應的維護難度，以及它在額外的信心方面所提供的價值。測試金字塔的核心一直保持不變。它以單元測試（unit tests）為基礎，服務測試（service tests）在中間的區塊，UI 測試則在金字塔的頂端。圖 2-3 顯示了你要探索的測試金字塔之區域。

---

3 要了解更多關於敏捷測試（agile testing）的資訊，請參閱《*Agile Testing*》（O'Reilly）、《*More Agile Testing*》（O'Reilly）等書籍，或 Agile Testing Essentials 影片教學系列。

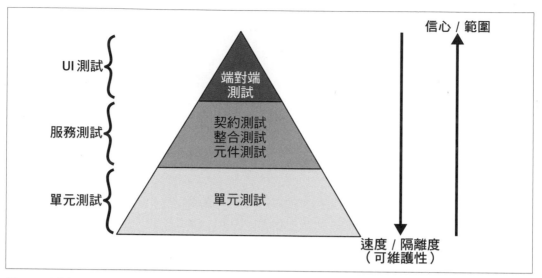

圖 2-3 測試金字塔，顯示所需測試之比例

測試自動化金字塔顯示了在信心（confidence）、隔離度（isolation）和範圍（scope）方面存在的取捨。透過測試源碼庫的各個小型部分，你會有更好的隔離度和更快的測試；然而，這並不能讓人確信整個應用程式是行得通的。藉由在其生態系統中測試整個應用程式，情況正好相反。這種測試讓你對應用程式能順利運作更有信心，但測試的範圍會很大，因為很多組成部分會一起進行互動。這也使得維護更加困難，速度更慢。下面定義了測試金字塔的每個核心要素：

- 單元測試位於金字塔的底部，它們構成了測試的基石。他們測試你程式碼孤立的小型單元，以確保你定義的單元按預期執行[4]。如果你的測試會跳脫單元的邊界，你可以使用測試替身（test doubles）。測試替身是看起來像外部實體真實版本的物件；然而，它們是在你的掌控之下[5]。因為單元測試是金字塔的基礎，所以單元測試應該比其他類型的測試多；我們建議使用 TDD 作為一種實務做法[6]。TDD 是指在撰寫邏輯之前先編寫測試。單元測試放在測試象限的 Q1，用來為應用程式的內部提供品質。單元測試不會進一步討論，因為我們將專注於從外部消費者的角度驗證你的 API，而不是 API 的內部。

---

4 物件導向（OO）語言中一個單元（unit）的典型例子是一個類別。

5 測試替身包括虛設常式（stubs），它看起來像外部實體的真實實作，只不過它們回傳寫定的回應。Mocks 看起來像預先程式化好的物件之真實實作，但被用來驗證行為。

6 Kent Beck 的書《Test Driven Development: By Example》（ https://oreil.ly/u3COo ）（Addison-Wesley）是學習更多 TDD 很好的資源。

- 服務測試構成了金字塔的中間層。與單元測試相比，它們將為你提供更多的信心，使你確信 API 有正常工作，不過它們更為昂貴。其開銷來自於這種測試更大的範圍和更少的隔離度，這招致了更高的維護和開發成本。服務測試包括以下一些情況：驗證多個單元是否在一起工作、行為是否符合預期，以及應用程式本身是否有彈性。因此，服務測試是放在測試象限的 Q1、Q2 和 Q4。

- UI 測試位於測試金字塔的頂端。在過去，大多數為 Web 建置的應用程式是 LAMP 堆疊（*https://oreil.ly/dtgJF*），而測試你應用程式從前端到後端的唯一辦法是透過 Web UI。API 有 UI，只不過並非圖形化的，所以這些測試現在被稱為端到端測試（end-to-end tests）。它們涵蓋了一個請求從起點流向終點的相同範圍，但不一定代表或假設流量源自於 Web UI。端到端測試是最為複雜的。它們有最大的範圍，執行起來也緩慢；然而，它們將驗證整個模組是否有一起正常運作，所以它們提供了很多信心。端到端測試通常位於象限的 Q2、Q3 和 Q4。測試的工具已經改良，變得更加先進，現在越來越多的 Q3 可加以自動化。

一種類型的測試並不優於另一種：測試金字塔是一種指引，指出你應該致力於實作每種類型測試之比例。忽視測試金字塔並集中於端到端的測試是很誘人的，因為這能為人帶來高度的信心。然而，這是一個謬論，反而給人一種錯誤的安全感，認為這些更高階的測試比單元測試的品質或價值更高。這個謬論產生了測試的冰淇淋甜筒（ice cream cone）印象，它與測試金字塔正好相反。關於這個話題的有力論證，請閱讀 Steve Smith 的部落格貼文「End-to-End Testing considered harmful」（*https://oreil.ly/Iv1Yd*）。 你也可以考慮實作其他比例的測試，儘管並不建議這樣做。Martin Fowler（*https://oreil.ly/2DdPE*）寫了一篇關於測試形狀的最新文章，並涵蓋了為什麼他覺得以測試金字塔以外的任何形狀為指引的測試都是不正確的。

測試策略的 ADR 指導方針

為了幫助你決定應該使用的測試策略，表 2-1 中的 ADR 指導方針應該能幫助你做出明智的決策。

表 2-1　ADR 指導方針：測試策略

決策	建置你的 API 時，哪種測試策略應該成為開發過程的一部分？
討論重點	與 API 有利害關係的各方是否都有時間和條件來定期討論 API 應該如何運作？如果你不能與利害關係者進行有效的溝通，最終可能會使你的產品停滯不前，只是在等待決策。
	是否有技能和經驗來有效地運用這些測試策略？不是每個人都曾經使用過這些做法，所以你需要權衡你是否有時間資源來培訓每個人。在你的工作場所內是否有其他推薦的、應該使用的實務做法？有時會有一些內部策略來構建軟體，這些策略對一個組織是有效的，或者由於業務的性質而是必要的。
建議	我們建議使用測試象限和測試金字塔。
	測試象限對於確保你客戶有得到正確的產品而言，是非常有價值的。測試象限加上測試金字塔將幫助你建立一個很優良的 API。
	我們也知道，以最真實的形式使用測試象限，讓企業人員隨時都要有空幫忙指導你的測試，並不總是可行。然而，至少要使用測試金字塔，因為這集中在測試象限的自動化面向。這至少可以確保你在開發過程的早期就發現錯誤。
	無論怎樣，你總是需要有人來幫助指引產品方向。

契約測試

契約測試（contract testing）有兩個實體（entities）存在：一個消費者（consumer）和一個生產者（producer）。消費者從 API 請求資料（如 Web 客戶端、終端機 shell），生產者（也被稱為「提供者」，provider）回應 API 請求，即生產資料，例如一個 RESTful Web service。契約（contract）是對消費者和生產者之間互動的定義。它是一種聲明，指出如果消費者提出一個符合契約請求定義（request definition）的請求，那麼生產者將回傳一個符合契約回應定義（response definition）的回應。就 Attendee API 而言，它是一個生產者，消費者是傳統的會議系統。傳統的會議系統是一個消費者，因為它會呼叫 Attendee API[7]。所以為何要使用契約？它們能為你帶來什麼？

為什麼契約測試往往是最好的選擇？

正如你在第 12 頁的「使用 OpenAPI 描述 REST API 的規格」中所學到的，API 應該有一個規格（specification），而且你的 API 回應必須符合你所制定的 API 規格，這一點很重要。有了生產者必須遵守的這些互動的書面定義，就可以確保消費者能夠繼續使用你的 API，並使測試的產生成為可能。契約定義了請求和回應應該是什麼樣子的，這些可

7　要說明的是，一項服務也有可能既是生產者又是消費者。

以用來驗證生產者（API）是否履行契約。如果你打破了一個契約測試，就表示生產者不再履行契約，這意味著消費者將無法運作。

由於契約具有回應定義，因此也可以生成一個模擬伺服器（stub server）[8]。消費者可以使用這個模擬伺服器來驗證他們是否能夠正確地呼叫生產者並剖析生產者的回應。契約測試可以在本地進行：它不需要啟動額外的服務，這使得它成為你服務測試的一部分。契約會不斷演進發展，消費者和生產者會在這些變化可取用時，接收它們，這確保他們能夠不斷地與最新的契約整合。

關於你為什麼要使用契約，這裡已經有很多的價值描述。此外，契約測試有一個發展良好的生態系統。有既定的方法論來指導契約應該是怎麼樣，也有框架和測試整合用來產生契約，並提供有效的途徑來發佈它們。我們相信，契約是定義你所實作的服務和消費者之間互動的最佳方式。其他測試同樣重要，也應予以實施，但這些測試提供的成本效益比最高。

 需要注意的是，契約測試並不等同於說一個 API 符合一個結構描述（schema）。一個系統要麼與結構描述（如 OpenAPI Spec）相容，要麼不相容；契約則是關於各方之間定義的互動，並提供例子。Matt Fellows 在這方面有一篇很好的文章，題為「Schema-based contract testing with JSON schemas and Open API (Part 1)」（*https://oreil.ly/QTbbZ*）。

一個契約如何實作？

如前所述，契約是對生產者和消費者如何*互動*的共用定義。下面的例子顯示了對端點 /conference/{conference-id}/attendees 的 GET 請求之契約。它指出，預期的回應有一個叫作 value 的特性，包含關於出席者的一個值陣列。在一個契約的這個範例定義中，你可以看到它正在定義一個互動，它被用來生成測試和模擬伺服器：

```
Contract.make {
  request {
    description('Get a list of all the attendees at a conference')
    method GET()
    url '/conference/1234/attendees'
    headers {
      contentType('application/json')
    }
  }
```

---

8 模擬伺服器是一個可以在本地執行的服務，將回傳預製的回應。

```
response {
  status OK()
  headers {
    contentType('application/json')
  }
  body(
      value: [
          $(
              id: 123456,
              givenName: 'James',
              familyName: 'Gough'
          ),
          $(
              id: 123457,
              givenName: 'Matthew',
              familyName: 'Auburn'
          )
      ]
  )
  }
}
```

在圖 2-4 中，你會看到消費者和生產者如何使用所產生的測試。

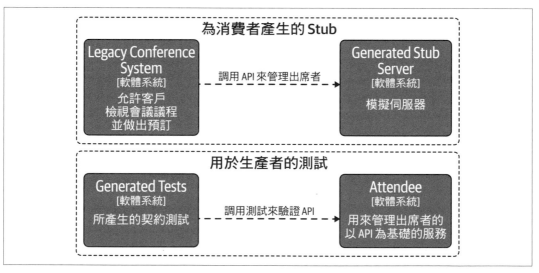

圖 2-4　從一個契約所產生的模擬伺服器（stub server）和測試

你可能會想要使用契約進行場景測試（scenario tests）。例如：

第 1 步：向一個會議添加一名出席者。

第 2 步：取得會議的出席者清單，檢查該位出席者是否正確新增。

框架確實支援這樣做，但也不鼓勵這樣做。契約關於互動的定義，如果你希望測試這種類型的行為，就使用元件測試。

使用契約的一個關鍵好處是，一旦生產者同意實作契約，這就解除了建置消費者和生產者時的依存關係。

我們使用過所產生的模擬伺服器（generated stub servers）為利害關係者執行演示。這很有用，因為生產者還在實作邏輯；但是，他們已經同意了契約。

消費者會有一個模擬伺服器為根據來進行開發，生產者有測試來確保他們建立正確的互動。契約測試程序可以節省時間，因為當消費者和生產者都被部署時，他們應該就能無縫整合。

所產生的測試需要針對你正在運行的 API（生產者）來執行。當你的 API 啟動時，你應該使用測試替身來測試外部依存關係。當你針對消費者產生契約測試時，你不會想要把和其他服務的整合測試納入其中。

為了理解契約是如何商定的，讓我們看看兩個主要的契約方法論。

生產者契約

生產者契約測試用在生產者定義自己的契約時。當 API 在你的內部組織之外被使用（即為外部的第三方所用）時，通常就會運用這種做法。當你為外部受眾開發 API 時，API 需要保持其完整性，因為在沒有遷移計畫的情況下，介面不能進行破壞性的變更，正如你在第 15 頁的「API 版本控制」中所了解到的那樣。儘管互動會被更新和改進，但不太可能有任何一個消費者要求進行會影響整個 API 的改變，並得到快速的更動，因為這些變化必須小心協調好才行。

這種 API 的一個現實世界的例子是 Microsoft Graph API。Microsoft 有數以千計來自世界各地公司的消費者使用這個 API。讓公司或個人用他們認為契約應該有的樣子來調整 Graph API 的契約是不可行的。這並不是說不應該向 Microsoft 提出修改建議,因為一定會有人那麼做。然而,即使同意修改,也不會很快進行,因為需要對變更進行仔細的驗證和測試。

如果 Attendee API 將被提供給公眾使用,那也會出現同樣的問題。對 Attendee API 來說,重要的是使用契約來確保互動不會發生分歧,而且回傳的資料是一致的。

使用生產者契約的另一個原因是,它更容易入門。這是將契約引入你 API 的一個好辦法。有契約比沒有契約要有利得多。然而,如果消費者和生產者都在同一個組織中,我們建議你使用消費者驅動的契約(consumer-driven contracts)方法論。

消費者驅動的契約

消費者驅動的契約(consumer-driven contracts,CDC),根據定義,是由消費者驅動他們希望在互動中看到的功能來實作的。消費者向生產者提交契約或對契約的變更,以獲得新的或額外的 API 功能。新的或更新過的契約被提交給生產者時,關於該項變更的討論就會展開,這將導致該變化的接受或駁回。

CDC 是非常互動和社交化的過程。作為消費者和生產者的應用程式所有者應該在可及範圍內(例如彼此在同一組織內)。消費者想要一個新的互動(如 API 呼叫)或更新一個互動(如添加一個新的特性)時,他們就會為該項功能提交一個請求。

案例研究:應用 CDC

在我們的案例中,這可能意味著從傳統的會議系統向新的 Attendee API 服務提交一個 pull request。然後對新互動的請求進行審查,並對該項新功能進行討論。這種討論是為了確保這是 Attendee 服務應該而且將會履行的東西。舉例來說,如果一個契約為一個 PUT 請求而提出,就可以進行討論,因為那可能更適合作為一個 PATCH 請求。

這就是契約價值很大一部分的來源:雙方關於問題是什麼的這種討論,並使用契約來斷言這是雙方所接受和同意的。一旦同意契約,生產者(Attendee 服務)就接受契約作為專案的一部分,並可以開始履行它。

契約方法論概述

希望這些方法論有對如何使用契約作為開發過程的一部分提供一個概述。這不應視為絕對準則，因為在確切的步驟上確實存在差異。舉例來說，一個程序可能要求消費者在編寫契約時，也要建立生產者程式碼的一個基本實作來履行契約。在另一個例子中，消費者應該為他們需要的功能進行 TDD，然後在提交 pull request 之前創建契約。具體實作的程序可能因團隊而異。一旦你理解了 CDC 的核心概念和模式，所使用的確切流程就只是一種實作細節。

如果你剛開始添加契約的旅程，你應該注意到這是有成本的：將契約納入專案的設定時間和編寫契約的成本。值得關注的是，可以根據 OpenAPI Specification 為你創建契約的工具[9]。

契約測試框架

說到 HTTP 的契約測試框架（contract testing frameworks），你很可能會想看看 Pact（*https://pact.io*）。Pact 已經發展成為預設的契約測試框架，這是因為圍繞著它所建立的生態系統，以及它所支援的語言數量龐大。也有其他的契約測試框架可用，而且它們可能有各自的主張（opinionated）。Pact 是有所主張的：它強制要求你應該執行 CDC，並且是專門為此而設計的。測試是由消費者編寫的，該測試產生了一個契約，其形式是互動的中介表徵（intermediate representation）。這種與語言無關的中介表徵就是為什麼 Pact 能支援如此廣泛的語言。其他框架有不同的主張；舉例來說，Spring Cloud Contracts 對 CDC 或生產者契約就沒有強烈的意見，兩者都可以達成。這之所以可能，是因為在 Spring Cloud Contracts 中，你是手動編寫契約，而不是讓它們自動產生。儘管 Spring Cloud Contracts 透過使用該產品的容器化版本（containerized version）來獨立於所用語言，但為了獲得最大的效益，你需要使用 Spring 和 JVM 生態系統[10]。

還有其他協定的契約測試選項，這並不專屬於 HTTP 通訊。

9　在撰寫本文時，有幾個專案可用，不過沒有一個受到積極維護，所以很難推薦任何專案。
10　Pact 在將自身與其他契約框架進行比較的方面做得很好（*https://oreil.ly/h8WrT*）。

API 契約的儲存和發佈

看過了契約的運作原理，以及將其納入開發過程的方法論之後，接下來要考慮的是契約儲存在哪裡，以及應該如何發佈（publish）。

有幾種儲存和發佈契約的選擇，這也取決於你和你的組織所能取用的配置。

契約能與生產者程式碼一起儲存在版本控制系統（如 Git）中。它們也可以與你建置版本一起發佈到一個成品儲存庫（artifact repository）中，如 Artifactory（*https://oreil.ly/jXuCS*）。

最終，對於生產者和消費者而言，契約必須是可獲得的。儲存點也需要允許提交新的契約。生產者應該對專案所接受的契約有控制權，並能確保不會做出非預期的變更，或增加額外的契約。這種做法的缺點是，在一個大型組織中，可能很難找到使用契約的所有 API 服務。

另一個選擇是將所有的契約儲存在一個集中的位置，以便能夠看到其他可用的 API 互動。這個中央位置可以是一個 Git 儲存庫，但這種做法的壞處在於，除非組織方式和設定正確，否則契約很有可能被推送到生產者無意履行的模組中。

要儲存契約，還有另一種選擇是使用一個中介者（broker）。Pact 契約框架有一個中介者產品（*https://oreil.ly/PIThd*），可以作為託管契約的一個中心位置。中介者可以顯示已經被生產者驗證的所有契約，因為生產者會發佈那些已經履行的契約。中介者還可以看到誰在使用契約，以產出一個網路圖（network diagram），與 CI/CD 管線整合，並提供更有價值的資訊。這是目前最全面的解決方案，如果你使用的是與 Pact Broker 相容的框架，那麼就值得推薦。

ADR 指導方針：契約測試

要了解應用契約測試對你的情況是否有效，並權衡使用契約的利弊，表 2-2 中的 ADR 指導方針應有助於引導你做出決定。

表 2-2　ADR 指導方針：契約測試

決策	在構建 API 時，你是否應該使用契約測試，如果是的話，你應該使用消費者驅動的契約還是生產者契約？
討論重點	判斷你是否準備好將契約測試作為你 API 測試的一部分。 • 你想為 API 增加一個額外的測試層，要求開發人員了解那些測試嗎？ 如果之前沒有使用過契約，那麼就需要時間來決定你將如何使用它們。 • 契約應該集中在一個地方，還是放在一個專案中？ • 是否需要提供額外的工具和培訓來幫助使用契約的人呢？ 如果決定使用契約，那麼應該使用哪種方法論：CDC 或生產者契約？ • 你知道誰會使用這個 API 嗎？ • 這個 API 是否只在你的組織內使用？ • API 是否有願意與你合作的消費者，以幫忙推動你的功能？
建議	我們建議在構建 API 時使用契約測試。即使存在開發人員的學習曲線，而且你是第一次要決定如何設定你的契約，我們相信這也是值得的。將服務整合在一起時，經過測試的已定義互動可以節省很多時間。 如果你將 API 對外開放給大量的外部受眾，那麼使用生產者契約就是很重要的。同樣地，擁有定義好的互動有助於確保你的 API 不會破壞回溯相容性，這一點至關重要。 如果你正在構建一個內部 API，理想的做法是朝著 CDC 的方向努力，即使你必須從生產者契約開始，然後發展到 CDC。 如果契約測試不可行，那麼對於生產者來說，你需要替代方案來確保你的 API 遵循你們商定的互動，並提供一種消費者可以測試的途徑。這意味著你必須非常小心地進行測試，確保回應和請求與預期相符，這可能很麻煩，也很耗時。

API 元件測試

元件測試可以用來驗證多個單元是否合作順利，而且也應該用來驗證行為：它們是圖 2-3 中測試金字塔的服務測試（service tests）。元件測試的一個例子是向你的 API 發送一個請求並驗證回應。從高階觀點來看，它要求你的應用程式能夠讀取請求、進行認證和授權，解序列化承載（deserialize a payload）、執行業務邏輯、序列化承載，並回應。這是對很多的單元進行測試，而且很難準確地指出哪裡可能有錯誤。這個例子與契約測試的不同之處在於，你應該檢查服務是否有正確的行為；舉例來說，如果這是在創建一個新的出席者，你會想要要驗證服務是否呼叫了（模擬的）資料庫。你不只是像契約測試那樣檢查回應的形狀。由於元件測試同時驗證多個單元，它們（通常）比單元測試執行

得慢。元件測試不應該呼叫外部的依存關係。就跟契約測試一樣，你不是用這些測試來驗證外部整合點。在這個範圍內，你想觸發的測試類型根據商業案例而變化；然而，對於 API，你會尋求驗證的案例舉例來說會有：

- 發出請求時，是否回傳正確的狀態碼？

- 回應是否包含正確的資料？

- 如果傳入的參數為 null 或是空的，是否拒絕傳入的承載？

- 如果我發送請求過去的地方所接受的內容類型為 XML，資料會回傳預期的格式嗎？

- 如果請求是由一個沒有正確權限的使用者所發出的，那麼將如何回應？

- 如果回傳一個空的資料集，會發生什麼事？這會是一個 404 還是一個空陣列？

- 創建一個資源時，位置標頭是否會指向所創建的新資源？

從選擇出來的這些測試中，你可以看到它們是如何滲入測試象限的兩個領域的。這包括 Q1，其中你是在確認正在構建的 API 是否正確運作（也就是，它正在產生結果），以及 Q2，其中你進行測試是為了驗證 Attendee API 的回應是否正確。

契約測試 vs. 元件測試

如果沒有契約測試可用，你應該使用 API 元件測試來驗證你的 API 是否符合商定的互動，也就是你的 API 規格。使用 API 元件測試來驗證你的 API 是否遵循互動並不理想：首先，它更容易出錯，而且編寫起來很繁瑣。你應該把契約當作商定互動的黃金來源，因為所產生的測試確保你 API 的形狀是準確的。

案例研究：元件測試用來驗證行為

讓我們看一下，這是我們的 Attendee API 的一個範例，著眼於 /conference/{conference-id}/attendees 這個端點（endpoint）。此端點回傳一場會議的出席者名單。在這個元件測試中，使用了一個 mock 來代表我們外部資料庫的依存關係，如圖 2-5 所示，在這種情況下，就是 DAO。

關於這個端點，可以測試的事情有：

- 成功的請求有 200（OK）的回應

- 沒有正確存取層級的使用者將回傳 403（Forbidden）的狀態

- 當一個會議沒有出席者時，將回傳一個空陣列

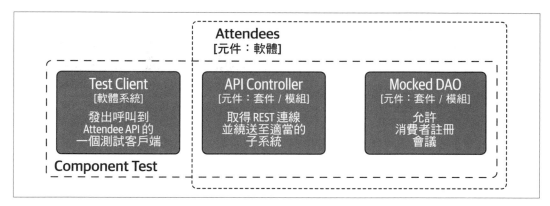

圖 2-5　使用模擬（mocked）的 DAO 的 API 元件測試

一個包裹了請求客戶端的程式庫或測試框架確實很有用。在此，REST-Assured（*https://oreil.ly/aaJ77*）被用來呼叫 Attendee API 端點並驗證這些測試案例 [11]：

```
@Test
void response_for_attendees_should_be_200() {
    given()
        .header("Authorization", VALID_CREDENTIAL)
    .when()
        .get("/conference/conf-1/attendees")
    .then()
        .statusCode(HttpStatus.OK.value());
}
@Test
void response_for_attendees_should_be_403() {
    given()
        .header("Authorization", INVALID_CREDENTIAL)
    .when()
        .get("/conference/conf-1/attendees")
    .then()
        .statusCode(HttpStatus.FORBIDDEN.value());
...
}
```

執行這種類型的測試讓我們相信 API 行為是正確的。

---

[11] 這些測試程式庫通常有一種 Domain Specific Language（DSL，領域特定的語言），讓我們很容易分析來自 API 的回應。RestAssured 就是 Java 中的這種 REST 測試框架，而 Golang 預設就有 httptest 套件可用。取決於你所用的語言或框架，應該有一些可以運用的東西；否則，在標準客戶端周圍創建一個小型包裹器，可以在編寫測試時大大簡化整合回應的工作。

API 整合測試

在我們的定義中，整合測試（integration tests）是跨越正在開發的模組、和任何外部依存關係之間邊界的測試。整合測試是服務測試（service test）的一種，可以在圖 2-3 的測試金字塔中看到。

執行整合測試時，你會想要確認跨越邊界的通訊是對的；也就是說，你的服務可以正確地與它外部的另一個服務溝通。

你會想要驗證的事情有：

- 確保互動正確進行。舉例來說，對於 RESTful 服務，這可能是指定正確的 URL 或承載的主體（payload body）是正確的。
- 與外部服務互動的單元能否處理傳回的回應？

在我們的案例中，傳統的會議系統需要驗證它能夠向新的 Attendee API 發出請求、並能夠解讀回應。

使用模擬伺服器：理由和方式

如果你有使用契約測試，所產生的模擬伺服器（stub servers）可以用來驗證消費者能否與生產者進行通訊。傳統會議系統有生成一個模擬伺服器，可用它來測試。這將使測試保持在本地端，而且模擬伺服器將是準確的。這是測試外部邊界的首選方案。

然而，從契約生成的模擬伺服器並不總是可用的，需要有其他的選擇，比如在測試外部 API（Microsoft Graph API）的情況下，或者在你的組織內不使用契約時。最簡單的方式是手工製作一個模擬伺服器，模仿你所互動的服務之請求和回應。這當然是一個可行的選項，因為在你選擇的語言和框架中，開發者通常很容易就能建立一個帶有固定回應的模擬伺服器，並與測試整合。

手工製作模擬伺服器時，關鍵的考量點是確定模擬是準確的。這很容易就會犯錯，比如不準確地描述 URL，或者在回應特性名稱和值上出錯。你能看出這個手動輸入的回應中的錯誤嗎 [12]？

---

12 id 的值重複，還有拼錯的 familyNane（原文照登）。

```
{
    "values": [
        {
            "id":   123456,
            "givenName": "James",
            "familyName": "Gough"
        },
        {
            "id":   123457,
            "givenName": "Matthew",
            "familyNane": "Auburn"
        },
        {
            "id":   123456,
            "givenName": "Daniel",
            "familyName": "Bryant"
        }
    ]
}
```

這應該還不會讓你失望,因為這是一個不錯的解決方案。本書作者之一在某個專案的要求下,用這種做法取得了巨大的成功,那時他不得不為一個登入服務手工製作一個模擬伺服器。

避免這些不準確性,並確保對 URL 的請求和回應被準確捕獲的辦法是使用一個記錄器(recorder)。可以使用一個工具來記錄對一個端點的請求和回應,並產生可用於模擬的檔案。圖 2-6 顯示了其運作方式。

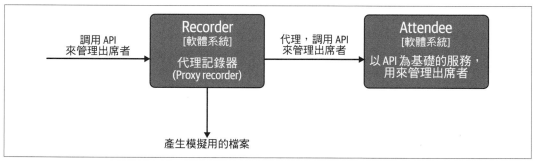

圖 2-6　Attendee API 的消費者如何使用記錄器來捕捉測試資料的請求和回應

所生成的這些檔案是可以用於測試的映射（mappings），以準確地描述請求和回應，由於它們不是手工製作的，所以保證在生成時是準確的。為了使用所產生的這些檔案，啟動一個能夠讀入映射檔案的模擬伺服器。當有請求發送給模擬伺服器時，它將檢查該請求是否與映射檔案中的任何預期請求相匹配。若有匹配，那就會回傳映射出來的回應 [13]。錄下對 API 的呼叫將產生比手工製作的模擬更準確的模擬。如果你有使用錄製，那麼你就得確保它們保持最新並且同步；另外，如果你針對生產環境進行錄製，你需要注意沒有 PII 被儲存到映射檔案中。

ADR 指導方針：整合測試

整合測試很重要，所以為了幫助你了解你需要哪些類型的整合測試，請參閱表 2-3 的 ADR 指導方針。

表 2-3　ADR 指導方針：整合測試

決策	整合測試是否應該加入到 API 測試中？
討論重點	如果你的 API 要與任何其他服務整合，你應該使用什麼級別的整合測試？ • 你是否覺得有信心，認為只需模擬回應而不用進行整合測試？ • 對於創建一個模擬伺服器來進行測試，你是否能夠準確地手工製作請求和回應，還是應該將它們錄製下來？ • 你是否能夠保持模擬伺服器的最新狀態，並識別一個互動是否不正確？ 如果你的模擬不正確或變得過時，這意味著有可能在你的模擬伺服器上測試可以通過，但當你部署到生產時，你的服務無法與其他 API 互動，因為已經發生了變化。
建議	我們確實推薦使用契約測試中生成的模擬伺服器。然而，如果這是不可行的，那麼使用錄製的互動進行整合測試是下一個最佳選擇。有了可以在本地執行的整合測試，就能帶來整合可以運作的信心，特別是在重構整合的時候；這將有助於確保任何改變都不會破壞任何東西。

整合測試是非常有用的工具；然而，這些互動的定義有其問題存在。主要的問題在於，它們是某個時間點的快照。這些訂製的設定不會隨著變化而更新。

我們一直在使用模擬伺服器進行我們所關注的整合；不過也是可以使用外部服務的真正實體來驗證整合。

---

13 Wiremock（*http://wiremock.org*）是一個可以作為獨立服務使用的工具，這使它不受限於語言，只不過因為它是 Java 編寫的，有一些特定的 Java 整合可以利用。還有許多其他的工具可用，在其他語言中也有類似的能力，例如 camouflage（*https://oreil.ly/mzL1u*），它是用 TypeScript 寫的。

容器化測試元件：Testcontainers

將應用程式建置為容器化的映像（containerized images）是很常見的，這也代表即將與你服務整合的許多應用程式，也都能作為容器化的解決方案來提供。這些映像可以作為測試的一部分在你的本地機器上執行。使用本地容器（local containers）不僅可以測試與外部服務的通訊，而且你還能執行與生產環境中執行的映像相同的映像。

Testcontainers（*https://www.testcontainers.org*）是能與你的測試框架整合的一個程式庫，用以協調容器。Testcontainers 將啟動和停止，並且一般都能組織你的測試所使用之容器的生命週期。

案例研究：應用 Testcontainers 來驗證整合

讓我們看一下這對 Attendee API 有幫助的兩個使用案例。第一個案例是，Attendee API 服務將支援 gRPC 介面和 RESTful 介面。gRPC 介面將在 RESTful 介面之後開發，但有一些急切的開發者想開始針對 gRPC 介面進行測試。我們決定為 gRPC 介面提供一個模擬伺服器，這將是提供一些預製回應的一個模擬。為了達成此一目標，我們製作了一個能滿足這種需求的最簡應用程式。然後，這個 gRPC 模擬被打包起來、容器化並發佈。這個模擬現在可以被開發人員用於跨邊界的測試；也就是說，他們可以在測試中對這個模擬伺服器發出真正的呼叫，而這個容器化的模擬伺服器可以在他們的本地機器上執行。

第二個用例是，Attendee API 服務有與外部資料庫的一個連線，這是一個需要測試的整合。測試資料庫的整合邊界的選擇是模擬出（mock out）資料庫、使用記憶體中資料庫（如 H2（*https://oreil.ly/s7mGq*）），或使用 Testcontainers 執行資料庫的本地版本。在你的測試中使用一個真正的資料庫實體提供了很多價值，因為使用 mock 的話，你可能模擬出錯誤的回傳值或做出不正確的假設。對於記憶體中的資料庫（in-memory DB），你得假設其實作與真正的資料庫相符合。使用該依存關係的一個真正實體，而且它與你在生產中執行的版本相同的話，這意味著你能得到可靠的跨邊界測試，這可確保整合在進入生產環境時能夠正常運作。在圖 2-7 中，你可以看到用來確認與資料庫跨邊界整合成功的測試之結構。

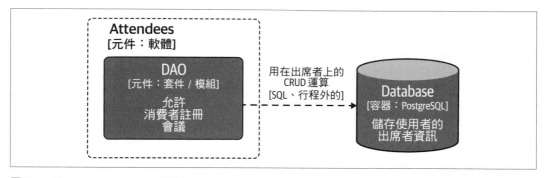

圖 2-7　Testcontainers DAO 測試

Testcontainers 是一種強大的工具，在測試任何外部服務之間的邊界時都應該考慮。其他受益於使用 Testcontainers 的常見外部服務包括 Kafka、Redis 和 NGINX。添加這種解決方案將增加你測試執行的時間；然而，整合測試通常較少，所提供的額外信心往往是值得多花點時間的。

Testcontainers 的使用帶來了幾個問題。首先，這種類型的測試被認為是整合測試，還是端到端測試（end-to-end testing）？因為另一個服務的真實實體正在被測試。第二，為什麼不直接使用這個而不是契約？

如果待在整合邊界內，使用 Testcontainers 並不會使測試變成端到端的。我們建議你使用 Testcontainers 來測試整合；確保容器有正確的行為不是你的工作（假設映像的所有者在你的領域之外）。舉例來說，如果我下達一個指令，將一條訊息發佈到 Kafka broker 上，那麼我就不應該再去訂閱主題來檢查所發佈的項目是否正確。我應該相信 Kafka 有做好它的工作，訂閱者會收到訊息。如果你想驗證這個行為，就把它當作你端到端測試的一部分。這就是為什麼你要測試的東西之邊界很重要，所以 DAO 到資料庫的情況不會是端到端測試，因為只有跨越邊界的互動有被驗證。

Testcontainers 以及與真實服務的整合是非常有幫助的，可以為你的測試增加很多價值，儘管它們不能單純因為你可以使用服務的一個真實版本而取代契約。能與一個真正的實體一起工作當然很不錯；然而，契約提供的不僅僅是一個模擬伺服器，它們還提供了所有的那些測試、整合和協作（collaboration）。

端到端測試

端到端測試（end-to-end testing）的本質是一起測試服務和它們的依存關係（dependencies），以驗證它們有照預期運作。重要的是要驗證一個請求發出時，它有到達前門（即請求有抵達你的基礎設施），請求有一路流過來，而且消費者有得到正確的回應。這種驗證使人相信，所有的這些系統都能依照預期方式一起工作。對於我們的案例來說，就是全部一起測試傳統的會議系統、新的 Attendee 服務和資料庫。

自動化端到端的驗證

本節集中介紹自動化的端到端測試（automated end-to-end tests）。自動化是為了節省你的時間，所以我們將介紹我們認為能為你帶來最大價值的自動化測試。你總是需要驗證你的系統是否能夠一起運作；然而，在把軟體發佈到生產環境之前，你可以在測試環境中手動完成這種工作。

 如果你正在構建一個面向外部的 API，並且你有多個第三方在使用它，請不要試著複製第三方的 UI 並重現它的運作方式。這樣做將意味著你要花大量的時間去複製你領域之外的東西。

對於端到端測試，最理想的是讓你的服務的真實版本在一起執行和互動；然而，有時這並不總是可行的。因此，對於系統中由外部廠商供應且不在你組織領域內的一些實體，模擬（stub out）它們是可以接受的。一個可能的假想情況是，如果 Attendee 服務需要使用 AWS S3（*https://oreil.ly/pzeua*）。依靠外部實體會帶來一些問題，如網路問題，甚至是外部供應商無法取用的情況。此外，如果你的測試不打算使用一個實體，就沒有必要讓它在你的測試中可用。對於 Attendee 服務的端到端測試而言，需要啟動資料庫和 Attendee 服務，但這並不需要傳統的會議系統，因為它是多餘的。這就是為什麼端到端測試有時需要邊界。這種端到端測試的邊界在圖 2-8 中顯示。

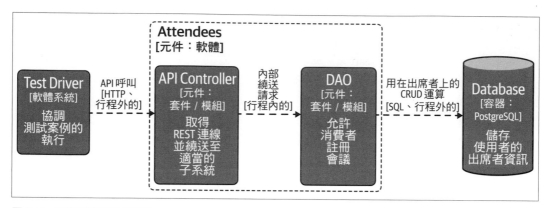

圖 2-8　端到端的測試範圍

管理並協調多個系統的工作並不容易自動化，而且其端到端的測試可能很脆弱。然而，在本地執行端到端的測試正變得越來越容易。正如你在第 47 頁的「容器化測試元件：Testcontainers」中看到的那樣，容器化（containerization）能讓你在本地啟動多個系統。即使這越來越容易，你仍然應該遵循測試金字塔的指導方針：端到端測試處於測試金字塔的頂端是有原因的。

在編寫端到端測試時，你應該使用真實的承載（payloads）。我們看到過這樣的情況：測試使用小而簡潔的承載，然後在調查 API 被破壞的原因時，發現消費者經常發送非常大型的承載，比緩衝區支援的都還要大。這就是為什麼你的端到端測試對於消費者使用你API 的方式而言要有代表性。

端到端測試的類型

你所寫的端到端測試應該以最重要的需求為驅動力，正如你在第 29 頁的「測試象限」中所看到的。

在測試象限的 Q3，你會看到場景測試（scenario testing）。場景測試是端到端測試的一種常見形式。它們用於測試典型的使用者歷程，並提供「你的服務有正確執行」的信心。場景測試可以圍繞單一行動或多個行動來展開。重要的是，你只測試核心使用者歷程，而非測試邊緣案例或例外測試。為了幫助你編寫測試，你可以使用 Behavior Driven Development（BDD，行為驅動開發）（*https://oreil.ly/qs7nY*）。這是一個很好的辦法，把使用者故事寫入面向業務的測試。會議系統的一個例子是，當一名出席者註冊了一場會議講座，那麼該會議講座的資訊被檢索時，出席者的數量應該已經遞增過了。

場景測試和驗證這些核心使用者歷程的好處是，如果某個元件比在生產環境中慢，你也不會太擔心。需要質問的是正確的行為和預期的結果。然而，執行端到端的效能測試時，你得更加小心。效能測試（performance testing），位在測試象限中的 Q4，應該被部署到與生產環境相似的環境中。如果兩者不同，你就沒辦法得到表明你服務運作情況的結果。這確實意味著你需要將你的服務部署到具有代表性的硬體上，而根據你的資源和環境，這可能是很棘手的。如果這將使你的測試變得不穩定，或者花費的開發時間比得到信心更多時，你就應該考慮到這一點。然而，這不應該讓你放棄，因為我們看過這種端到端測試成功的案例。

作為端到端測試的一部分，你所寫的效能測試應該專注在確保你仍然在目標 SLO 的範圍內服務請求。你希望這些效能測試顯示你沒有在你的服務中引入任何突然的延遲（例如不小心加入了一些阻斷式程式碼）。如果容積很重要，你就會想要驗證你的服務能夠處理預期的負載。有一些很棒的工具可用於效能測試，如 Gatling、JMeter、Locust 和 K6。即使這些都不吸引你，也還是有其他的工具可用，而且有許多你應該熟悉的不同語言。你想要的效能數字應該由你的業務需求來驅動。

作為端到端測試的一部分，你也應該確保你的安全性沒有問題（即 TLS 是打開的、適當的認證機制有到位）。在這些測試中，安全防護不應該被關閉，因為這樣對於使用者的歷程就沒有代表性，或者說代表了錯誤的指標。

端到端測試比其他類型的測試更複雜，因為它需要資源來建立和維護；但這比端到端的手動測試更節省時間，也提供了對應用程式的信心，並證明服務的運作從技術角度來看有滿足服務協議。

ADR 指導方針：端到端測試

知道應該包括什麼，以及端到端測試對你的案例而言是否值得，是重要的考量因素。表 2-4 中的 ADR 指導方針應有助於你做出決定。

表 2-4　ADR 指導方針：端到端測試

決策	作為測試設定的一部分，你應該使用自動化的端到端測試嗎？
討論重點	判斷你實作端到端測試的設定有多複雜。你是否對你所需要的並能提供價值的端到端測試有清楚的了解？是否有任何特定的需求或更進階的端到端測試，是你應該添加的？
建議	我們建議你至少對核心使用者歷程進行端到端的測試。這將在你的開發週期中儘早提供回饋，指出使用者可能會受到所做的變更之影響。理想情況下，你可以在本地執行這些端到端測試；但是，如果沒辦法，那麼它應該是你建置管線（build pipeline）的一部分。
	端到端測試是有價值的，但必須與你實現它所需投資的時間相平衡。如果無法進行自動化的端到端測試，那麼你需要有可以使用的執行手冊（run book）以進行手動測試。這個執行手冊應該在生產版本發佈前針對測試環境使用。這種類型的手動測試將大大推遲你生產版本的發佈時間，並降低向客戶提供價值的能力。

總結

在本章中，你學到了用於 API 的核心測試類型，包括應該測試什麼以及應該在什麼地方投入時間。關鍵的收穫有：

- 堅持測試的基本原則，使單元測試成為你 API 的核心。

- 契約測試可以幫助你開發出前後一致的 API，並與其他 API 一起進行測試。

- 對你的元件進行服務測試，並隔離整合的部分，以驗證傳入和傳出的訊務（traffic）。

- 使用端對端測試來複製核心使用者歷程，以幫助驗證你的 API 都能正確整合：

- 使用 ADR 指導方針來判斷你是否應該為你的 API 添加不同的測試。

雖然我們已經為你提供了很多測試 API 的資訊、想法和技巧，但這絕不是可用的工具的詳盡清單。我們鼓勵你對可能想要使用的測試框架和程式庫做一些研究，以確保你做出明智的決定。

然而，無論前期做了多少測試，都不如看看一個應用程式在生產環境中的實際執行情況來得好。你將在第 5 章中看到在生產環境中進行測試的更多相關資訊。下一章將重點討論如何在生產環境中使用 API 閘道（API gateways）來對外開放並管理 API。

第二部分

API 訊務管理

本節探討如何管理 API 訊務（API traffic）。這包括來自終端使用者從外部進入你系統的（入站）訊務，以及源於內部、橫向穿越你系統的服務所產生的（服務對服務的）訊務。

在第 3 章中，我們建議你開始你的旅程，探索使用 API 閘道（API gateway）技術來管理入站（ingress）或南北（north–south）訊務。

在第 4 章中，你將學習使用服務網格（service mesh）模式管理東西（east–west）訊務。

API 閘道：入站訊務管理

現在你對定義和測試 API 有了很好的理解，我們可以把注意力轉向負責在生產環境中向消費者供應 API 的平台和工具。API 閘道（API gateway）是現代任何技術堆疊的關鍵部分，它位於系統的網路「邊緣」，作為管理工具，在消費者和後端服務群之間進行協調。

在本章中，你將了解 API 閘道的「why」、「what」和「where」，探索 API 閘道和其他邊緣技術（edge technologies）的歷史。你還將探索 API 閘道的分類法，並學習這些分類法如何融入系統架構和部署模型的大局之中，同時避免常見的陷阱。

以所有的這些主題為基礎，你將在本章的最後學習如何根據你的需求、限制和用例選擇合適的 API 閘道。

API 閘道是唯一的解決方案嗎？

我們經常被問到「API 閘道是引導使用者訊務前往後端系統的唯一解決方案嗎？」。簡短的回答是否定的，但其中還有一些細微的差別。

許多軟體系統需要將消費者的 API 請求或入站訊務從外部來源繞送（route）到內部的後端應用程式。對於基於 Web 的軟體系統，消費者的 API 請求往往來自於終端使用者透過瀏覽器（Web browser）或行動應用程式，與後端系統進行的互動。消費者的請求也可能來自外部系統（通常是第三方），透過部署在網際網路其他地方的應用程式向 API 發出請求。除了提供從 URL 到後端系統的訊務路由（routing traffic）機制外，提供入口的解決方案通常還需要提供可靠性、可觀察性，以及安全性。

正如你將在本章中了解到的，API 閘道並不是唯一可以滿足這些需求的技術。舉例來說，你可以使用一個簡單的代理（proxy）伺服器或負載平衡器（load balancer）實作。然而，我們相信這是最常用的解決方案，特別是在企業範圍內，而隨著消費者和供應商數量的增加，它往往是最可擴充、可維護和安全的選擇。

如表 3-1 所示，你會想要將你目前的需求與每個解決方案的能力相匹配。如果你不了解所有的那些需求，也不要擔心，因為你將在整個章節中學到更多的資訊。

表 3-1　比較反向代理、負載平衡器和 API 閘道

功能	反向代理	負載平衡器	API 閘道
單一後端（Single Backend）	*	*	*
TIS/SSL	*	*	*
多重後端（Multiple Backends）		*	*
服務探索（Service Discovery）		*	*
API 合成（Composition）			*
授權（Authorization）			*
重試（Retry）邏輯			*
速率限制（Rate Limiting）			*
記錄和追蹤（Logging and Tracing）			*
斷路機制（Circuit Breaking）			*

指導方針：Proxy、Load Balancer 或 API Gateway

表 3-2 提供了一系列 ADR 指導方針，以幫助你決定對你組織的系統或當前專案的最佳入口（ingress）方案。

表 3-2　ADR 指導方針：proxy、load balancer 或 API gateway

決策	你應該使用 proxy、load balancer 還是 API 閘道來繞送入站訊務？
討論重點	你是否想要簡單的路由，例如從單一端點到單一後端服務？
	你是否有跨功能的需求，要求更進階的功能，如認證、授權或速率限制？
	你是否需要 API 管理功能，如 API 金鑰或權杖（keys/tokens）或者收費方式與追溯收費（monetization/chargeback）？
	你是否已經有了一個解決方案，或者有一個組織範圍內的命令，要求所有的訊務都必須繞送經過你網路邊緣的特定元件？
建議	始終使用最簡單的解決方案來滿足你的需求，並著眼於近期和已知的要求。
	如果你有進階的跨功能需求，API 閘道通常是最佳選擇。
	如果你的組織是一個企業，建議使用支援 API Management（APIM，API 管理）功能的 API 閘道。
	一定要在你的組織內部對現有的任務、解決方案和元件進行盡職的調查。

案例研究：對外開放 Attendee 服務給消費者

由於會議系統自推出以來已經有相當多人在使用，業主希望會議出席者也能透過一個新的行動應用程式來查看他們的詳細資訊。這就要求 Attendee 服務 API 必須對外開放，以便行動應用程式查詢那些資料。由於 Attendee 服務包含能夠識別身分的個人資訊（personally identifiable information，PII），這意味著除了可靠和可觀察之外，API 還必須是安全的。你可以單純使用代理（proxy）伺服器或負載平衡器（load balancer）將 API 對外開放，並使用語言或框架的特定功能實作任何額外的需求。然而，你必須問自己，這個解決方案的規模是否能擴充？是否可以重複使用（例如使用不同語言和框架支援額外的 API）？這些挑戰是否已在現有的技術或產品中得到解決？在本案例研究中，我們知道，未來將有更多的 API 被對外開放出來，而且在實作這些 API 時可能會使用額外的語言和框架。因此，實作一個基於 API 閘道的解決方案是合理的。

隨著本章的發展，你將在現有的會議系統案例研究中加入一個 API 閘道，以能夠滿足所列需求之方式對外開放 Attendee API。圖 3-1 顯示添加了 API 閘道的會議系統架構。

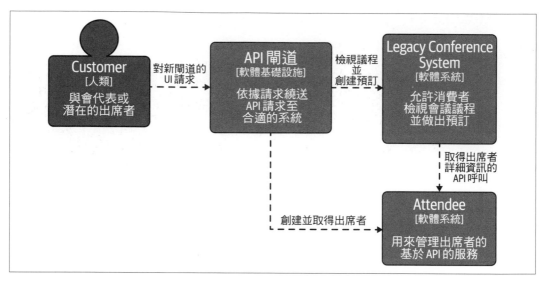

圖 3-1　使用 API 閘道繞送請求至在大型單體系統之外獨立執行的 Attendee 服務

什麼是 API 閘道？

概括而言，API 閘道（gateway）是一種管理工具，它位於消費者和後端服務集群之間的系統邊緣，作為定義好的一組 API 的單一進入點。消費者（consumer）可以是終端使用者的應用程式或裝置，如單頁 Web 應用程式或行動 app，或者其他內部系統，或第三方應用程式或系統。

一個 API 閘道由兩個高階基本元件所實作：控制平面（control plane）和資料平面（data plane）。這些元件通常可以包裝在一起或單獨部署。控制平面是操作人員與閘道互動的地方，定義路由（routes）、政策（policies）和必要的監控數據（telemetry）。資料平面是控制平面中指定的所有工作發生之處，網路封包被繞送、政策被施加，並且發出監控數據。

API 閘道提供了什麼功能？

在網路層面上，API 閘道通常充當反向代理（reverse proxy）伺服器，接受來自消費者的所有 API 請求、呼叫並彙總滿足那些請求所需的各種應用層級後端服務（以及潛在的外部服務），並回傳適當的結果。

什麼是 Proxy、Forward Proxy 和 Reverse Proxy？

代理伺服器（proxy server），有時被稱為前向代理（forward proxy），是一種中繼伺服器（intermediary server），將多個客戶端的內容請求轉發給網際網路上的不同伺服器。前向代理是用來保護客戶端的。舉例來說，一個企業可能有一個代理伺服器，用於繞送和過濾員工發往公共網際網路的訊務。另一方面，反向代理（reverse proxy）伺服器通常是位於私有網路防火牆後面的一種代理伺服器，將客戶端請求繞送到適當的後端伺服器。反向代理的目的是保護伺服器。

API 閘道滿足跨領域的需求，如使用者認證、請求速率限制和逾時及重試（timeouts/retries），並可提供效能指標、日誌和追蹤資料，以支援系統內可觀察性的實作。許多 API 閘道提供額外的功能，讓開發人員能夠管理 API 的生命週期，協助使用 API 的開發人員的入門和管理（例如提供一個開發人員入口網站和相關的帳戶管理及存取控制），並提供企業治理方式。

API 閘道要部署在哪裡？

API 閘道通常部署在系統的邊緣（edge of a system），但在此「系統」的定義可以相當靈活。對於新創企業和許多中小型企業（small-medium businesses，SMB）來說，API 閘道通常會被部署在資料中心或雲端的邊緣。在這些情況下，可能只會有一個 API 閘道（透過多實體部署和執行以實現高可用性），作為整個後端資產的前門，API 閘道將透過這個單一元件提供本章討論的所有邊緣功能。

圖 3-2 顯示了客戶端如何透過網際網路（internet）與 API 閘道和後端系統互動。

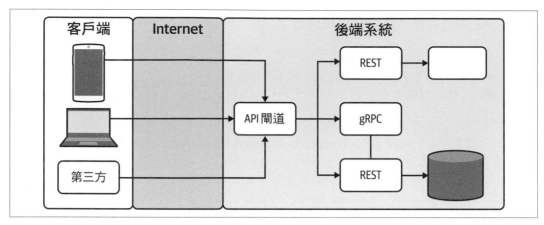

圖 3-2 新創公司或中小企業典型的 API 閘道部署方式

對於大型組織和企業來說，API 閘道通常會被部署在多個地點，通常是作為資料中心周邊最初的邊緣堆疊（edge stack）的一部分，而額外的閘道可能被部署為每個產品、業務線或組織部門的一部分。在這種情境下，這些閘道通常會是單獨的實作，並可能提供不同的功能，取決於地理位置（例如所需的治理方式）或基礎設施能力（例如在低功率的邊緣計算資源上執行的情況）。

圖 3-3 顯示了 API 閘道通常位於公共網際網路和私有網路的非軍事區（demilitarized zone，DMZ）之間。

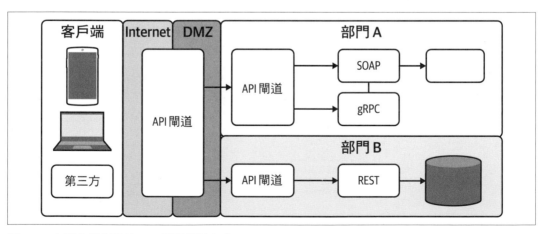

圖 3-3 大型企業典型的 API 閘道部署方式

正如你在本章後面將了解到的，API 閘道的定義和提供的實際功能在不同的實作中並不總是一致的，因此前面的示意圖應該被視為概念性居多，而非確切的實作。

API 閘道要如何與位在邊緣的其他技術整合？

在一個基於 API 的系統之邊緣，通常部署有許多元件。這是消費者和使用者第一次與後端互動的地方，因此有許多跨部門的共同關注點最好在這裡解決。因此，現代的邊緣技術堆疊（edge technology stack）或「邊緣堆疊」提供了一系列的功能，滿足基於 API 的應用程式基本的跨功能需求。在某些邊緣堆疊中，每一項功能都是由單獨部署和運作的元件所提供的，而在另一些邊緣堆疊中，功能和元件是結合在一起的。你將在本章下一節中了解到關於這些個別需求的更多資訊，至於現在，從圖 3-4 應該能看出現代邊緣堆疊的關鍵分層。

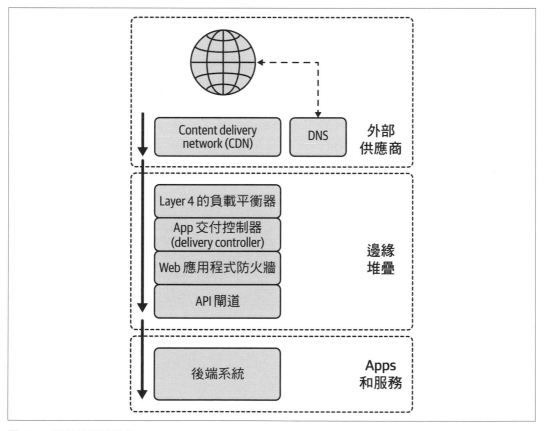

圖 3-4　現代的邊緣堆疊

這些分層不應該被視為一個單體元件（monolithic component）。它們通常是分開部署的，可能由個別團隊或第三方服務提供者擁有和營運。有些 API 閘道提供邊緣堆疊中的所有功能。其他的單純專注在 API 閘道功能和 API 管理。在雲端環境中也很常見的是，雲端供應商將提供一個能與 API 閘道整合的負載平衡器（load balancer）。

現在你對 API 閘道的「what（功能）」和「where（使用地點）」有了很好的認識，讓我們來看看為什麼（why）一個組織會想要使用 API 閘道。

為什麼要使用 API 閘道？

現代軟體架構師很大一部分的角色是提出關於設計和實作的難題。處理 API 和訊務管理（traffic management）及相關的技術時，這一點也不例外。你需要平衡短期的實作和長期的可維護性。你可能有許多與 API 相關的跨功能問題，包括可維護性、可擴充性、安全性、可觀察性、產品生命週期管理和收費方式。API 閘道可以幫忙解決所有的這些問題！

本章的這一節將向你概述 API 閘道可以處理的關鍵問題，例如：

- 透過在前端和後端之間使用配接器或門面（adapter/facade）來減少耦合程度
- 透過彙總和轉譯後端服務來簡化使用方式
- 藉由威脅檢測和緩解來保護 API 免受過度使用和濫用
- 了解 API 是如何被使用的（可觀察性）
- 藉由 API 生命週期管理將 API 作為產品來管理
- 使用帳戶管理、計費和支付來讓 API 賺取收益

減少耦合：前端和後端之間的配接器或門面

每個軟體架構師在其職業生涯的早期都應該學會的三個基本概念是耦合（coupling）、凝聚力（cohesion）和資訊隱藏（information hiding）。你被教導，那些被設計為鬆散耦合（loose coupling）和高凝聚力（high cohesion）的系統將更容易理解、維護和修改。資訊隱藏是對軟體系統中最有可能發生變化的設計決策進行隔離的原則。鬆散耦合允許不同的實作能輕易地替換上來，在測試系統時特別有用（例如，鬆散耦合的依存關係更容易模擬）。高凝聚力促進了可理解性（即同一個模組或系統中的所有程式碼都支援一

個中心目的），以及可靠性和可重用性。如果設計決策改變，資訊隱藏可以保護系統的其他部分不被廣泛修改。根據我們的經驗，API 通常是系統中架構理論與現實的相遇之處；API 在字面上和形象上都是其他工程師會與之整合的一個介面。

一個 API 閘道可以作為單一的進入點，也可以作為一個門面（facade）或配接器（adapter），從而促進鬆散耦合和凝聚力。門面為系統定義了一個較簡單的新介面，而配接器則是重複使用一個舊的介面，目的是支援兩個現有介面之間的互通性。客戶端與對外開放在閘道上的 API 整合，若是有遵守商定的契約，這就允許後端的元件改變位置、架構和實作（語言、框架等），並有最小的影響。圖 3-5 展示了 API 閘道如何作為單一進入點，讓客戶端的請求接觸後端 API 和服務。

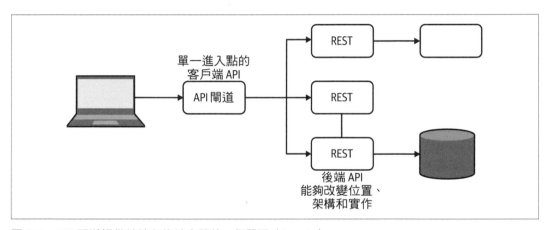

圖 3-5　API 閘道提供前端和後端之間的一個門面（facade）

簡化使用方式：彙總和轉譯後端服務

基於上一節對耦合的討論，一般情況下，你想對外開放給前端系統的 API，與當前由後端或後端系統組合所提供的介面不同。舉例來說，你可能想把多個所有者所擁有的幾個後端服務的 API，彙總到單一個面向消費者的 API 中，以簡化前端工程師的心智模型、精簡資料管理，或隱藏後端架構。GraphQL（*https://graphql.org*）正是出於這些原因而經常被使用。當然，在此實作這類功能是有代價的，而且很容易讓 API 閘道中的邏輯與後端服務的業務邏輯產生高度耦合。

在企業範圍內，需要進行協定轉譯（protocol translation）也是一種常見的需求。舉例 來說，你可能有幾個「傳統」系統僅提供基於 SOAP 的 API，但你只想把類似 REST 的 API 對外開放給消費者。API 閘道可以提供這種彙總和轉譯的功能，儘管在使用時應該 謹慎。為了確保轉譯結果忠實且正確，就必須付出設計、實作和測試上的成本，還有實 作轉譯的計算資源成本，處理大量請求時，這可能是很昂貴的。圖 3-6 顯示了 API 閘道 如何提供後端服務呼叫的彙總和協定的轉譯。

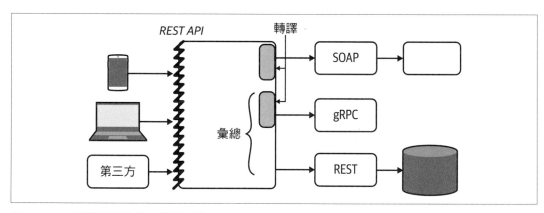

圖 3-6　API 閘道提供彙總和轉譯功能

防止 API 被過度使用或濫用：威脅的偵測與緩解

系統的邊緣是你的使用者與你應用程式初次互動之處。它往往也是壞人和駭客第一次接觸到你系統的地方。雖然絕大多數企業組織在其邊緣堆疊中都有多個以安全為重點的分層，如 CDN（content delivery network，內容傳遞網路）和 WAF（Web application firewall，Web 應用程式防火牆），甚至是周邊網路（perimeter network）和專用的 DMZ（demilitarized zone，非軍事區），但對於許多小型組織來說，API 閘道可能是第一道防線。出於這個原因，許多 API 閘道包含了聚焦於安全性的功能，如 TLS 終止（TLS termination）、認證與授權（authentication/authorization）、IP 允許或拒絕清單（allow/deny lists）、WAF（內建或透過外部整合）、速率限制和減載（load shedding），以及 API 契約驗證。圖 3-7 強調了 allow/deny 清單和速率限制如何被用來緩解 API 的濫用。

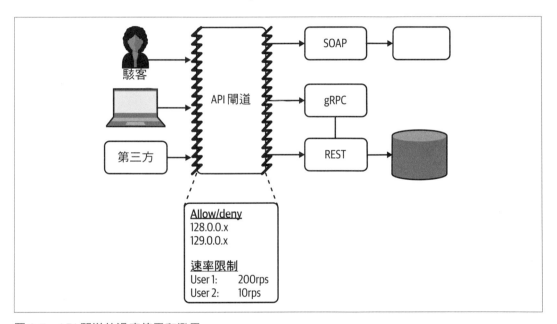

圖 3-7　API 閘道的過度使用和濫用

這個功能有很大一部分是偵測 API 濫用的能力，無論是意外的還是刻意的，為此你需要實作一個全面的可觀察性策略。

了解 API 被使用的方式：可觀察性

了解系統和應用程式的效能對於確保業務目標的實現和客戶需求的滿足而言，是至關重要的[1]。透過 KPI（key performance indicators，關鍵效能指標）來衡量業務目標越來越普遍，如客戶轉換率、每小時收入、每秒啟動的串流數等。基礎設施和平台通常透過 SLI（service-level indicators，服務等級指標）（*https://oreil.ly/S0ltZ*）來觀察，如延遲、錯誤、佇列深度等。

由於絕大多數（如果不是全部）的使用者請求都會流經系統的邊緣，這是一個重要的觀察點。它是捕獲最重要的入站指標（ingress metrics）的理想位置，例如錯誤數量、吞吐量和延遲，而它也是識別和注釋請求的關鍵位置（可能是藉由特定應用的詮釋資料），這些請求會在整個系統中進一步向上游流動。關聯識別元（correlation identifiers）[2] 通常透過 API 閘道被注入到請求中，然後可以被每個上游服務所傳播。然後，這些識別元可以被用來關聯跨服務及系統的日誌條目和請求軌跡。

儘管發出和蒐集可觀察性資料在系統層面很重要，但你還得仔細考慮如何處理、分析和解讀這些資料，使之成為可藉以採取行動的資訊，然後用於推動決策。建立用於視覺化顯示和操作的儀表板，以及定義警報，對於成功的可觀察性策略至關重要。

把 API 當作產品來管理：API 生命週期管理

現代 API 通常是作為內部系統和第三方所耗用的產品來設計、構建和執行的，因此必須以這種方式來加以管理。許多大型組織將 API 視為一個關鍵的戰略組成部分，因此，都會建立一個 API 計畫策略，並設定明確的業務目標、限制和資源。制定了策略之後，日常的戰術方法往往集中在 API 生命週期管理上。全生命週期的 API 管理（API Management，APIM）跨越了 API 的整個生命週期，從規劃階段開始，到 API 退役時結束。生命週期內的許多階段都與 API 閘道所提供的實作有很大關係。為此，如果你要支援 APIM，那麼挑選一個合適的 API 閘道會是關鍵的決策。

API 生命週期的關鍵階段有多種定義，我們認為 Axway 團隊所定義的 3 個關鍵部分，即創建（create）、控制（control）和消耗（consume），取得了良好的平衡，還有 API 生命週期的前 10 個階段（*https://oreil.ly/2F8mV*）：

---

1 Cindy Sridharan 的 O'Reilly 書籍《*Distributed Systems Observability*》（*https://oreil.ly/pImte*），是了解可觀察性這個主題很好的入門書。

2 例如，請參閱 OpenZipkin b3 標頭（*https://oreil.ly/UOghv*）。

Building（建置）

設計並建置你 API。

Testing（測試）

驗證功能性、效能以及預期的安全性。

Publishing（發佈）

將你的 API 對外開放給開發人員。

Securing（安全防護）

緩解安全風險和疑慮。

Managing（管理）

維護和管理 API，以確保它們的功能運作無礙，而且是最新版本，並有滿足業務需求。

Onboarding（入門）

使開發者能夠快速學習如何使用對外開放的 API。舉例來說，提供 OpenAPI 或 AsyncAPI 說明文件，並提供一個入口網站和沙箱（sandbox）。

Analyzing（分析）

建立可觀察性並分析監測資料，以了解使用情況並偵測問題。

Promoting（推廣）

向開發者宣傳 API，例如上架 API 市場。

Monetizing（賺取收益）

對 API 的使用進行收費並創造營收。我們在下一節將涵蓋 API 生命週期管理的這個面向，作為一個單獨的階段來討論。

Retirement（退役）

支援 API 的廢止和移除，這種情況的發生有多種原因，包括業務優先順序的變動、技術變遷和安全考量。

圖 3-8 展示了 API 生命週期管理如何與 API 閘道和後端服務整合：

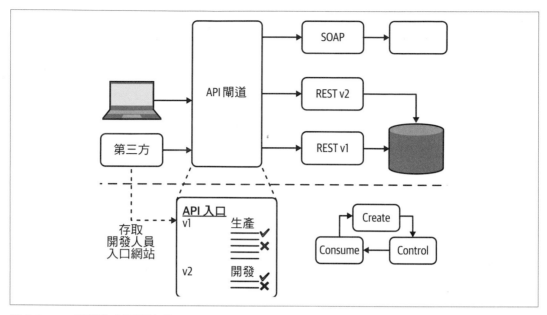

圖 3-8　API 閘道生命週期管理

透過 API 賺取收益：帳戶管理、計費與支付

API 計費以賺取收益的主題與 API 生命週期管理密切相關。對外開放給消費者的 API 通常必須被設計成一種產品，並透過開發人員入口（developer portal）網站提供，其中還包括帳戶管理（account management）和支付（payment）選項。許多企業的 API 閘道都包括收費功能[3]。這些支付入口通常與 PayPal 或 Stripe 等支付解決方案整合，並能夠指定開發人員方案、速率限制和其他 API 消耗選項。

API 閘道的現代史

現在你對 API 閘道的「what」、「where」和「why」已經有很好的了解，在展望當下的 API 閘道技術之前，該是時候向後看一眼歷史了。據稱 Mark Twain 曾說過：「history doesn't repeat itself, but it often rhymes（歷史不會重演，但常常會押韻）」，任何在技術領域工作了幾年以上的人，肯定會欣賞這句話與業界所見的一般做法之間的相關性。架構風格和模式在軟體開發的歷史中會以不同的「週期」重複出現，營運方法也是如此。在這些週期之間通常會有進展出現，但我們都得注意不要錯過歷史所提供的教訓。

3　例子包括 Apigee Edge（*https://oreil.ly/1xrMi*）和 3Scale（*https://oreil.ly/kVrdp*）。

這就是為什麼理解 API 閘道和系統邊緣的訊務管理的歷史背景，是很重要的。藉由向後看，我們就能在堅實的基礎上繼續建造，了解基本的需求，也可以嘗試避免重複同樣的錯誤。

1990 年代開始：硬體負載平衡器

World Wide Web（WWW）的概念是由 Tim Berners-Lee 在 1980 年代末所提出的，但這直到 1990 年代中期才進入大眾的意識，最初的炒作在 90 年代末 dot-com 網路公司的繁榮和蕭條中達到高潮。這個「Web 1.0」時期推動了 Web 瀏覽器（Netscape Navigator 於 1994 年底推出）、Web 伺服器（Apache Web Server 於 1995 年發佈），和硬體負載平衡器（hardware load balancers，F5 於 1996 年成立）的發展。Web 1.0 的體驗包括使用者透過瀏覽器提出 HTTP 請求來存取網站，而回應中就會傳回每個目標頁面的整份 HTML 文件。網站的動態部分是透過 CGI（Common Gateway Interface，通用閘道介面），與 Perl 或 C 語言編寫的指令稿（scripts）相結合來實作的。這無疑是我們今日所說的「FaaS（function as a service，函式即服務）」的第一個化身。

隨著越來越多的使用者存取每個網站，為底層的 Web 伺服器帶來了壓力。這就加入了設計系統的需求，以分散增加的負載並提供容錯。硬體負載平衡器被部署在資料中心的邊緣，目的是讓基礎設施工程師、網路專家和系統管理員，將使用者請求分散到數個 Web 伺服器實體上。這些早期的負載平衡器實作通常支援基本的健康狀態檢查，若有 Web 伺服器出錯或回應的延遲開始增加，那麼使用者的請求可以相應地轉到其他地方。今天，硬體負載平衡器仍在大量使用。該技術可能隨著電晶體技術和晶片架構的改善而有所提升，但核心功能仍然是相同的。

2000 年代初期開始：軟體負載平衡器

隨著 Web 克服了 dot-com 網路公司泡沫帶來的早期商業挫折，支援一系列活動的需求持續增加，如使用者分享內容、電子商務和線上購物，以及企業協作和整合系統。為此，基於 Web 的軟體架構也開始展現多種形式。規模較小的組織在其早期的 CGI 工作基礎上，也在運用新興的 Web 友好語言（如 Java 和 .NET）建造單體應用程式（monolithic applications）。較大型的企業開始擁抱 SOA（service-oriented architecture，服務導向架構），關聯「Web Service」規格（WS-*）也在陽光底下享受了短暫的蓬勃發展。

對網站高可用性（availability）和規模可擴充性（scalability）的要求越來越高，而早期硬體負載平衡器的開銷和缺乏彈性開始成為一種限制因素。隨著 2001 年 HAProxy 和 2002 年 NGINX 的相繼推出，軟體負載平衡器（software load balancers）和通用代理（general-purpose proxies）伺服器開始被用來實作此功能。目標使用者仍然是營運團隊，但所需的技能意味著對配置基於軟體的 Web 伺服器感到輕鬆的系統管理員，越來越樂意承擔過去屬於硬體的責任。

軟體負載平衡器：今日仍是受歡迎的選擇

雖然它們都從最初推出演進發展到現在，但 NGINX 和 HAProxy 都仍然被廣泛使用，它們對於小型組織和簡單的 API 閘道用例仍然非常有用（兩者也提供更適合企業部署的商業變體）。雲端（和虛擬化）的興起鞏固了軟體負載平衡器的角色，我們也建議學習這種技術的基本知識。

在這個時間段內，其他邊緣技術也在崛起，但仍然需要專門的硬體實作。主要是為了消除網際網路效能瓶頸而出現的 CDN（content delivery network，內容傳遞網路），開始越來越廣泛被採用，以從原本 Web 伺服器分擔請求。WAF（Web application firewall，Web 應用程式防火牆）也開始被越來越多人採用，首先是使用專門的硬體，後來透過軟體來實作。開源的 ModSecurity 專案，以及它與 Apache Web Server 的整合，可以說推動了 WAF 的大規模採用。

2000 年代中期：Application Delivery Controller（ADC）

2000 年代中期，Web 在日常生活中的普及程度不斷提高。具有網際網路功能的手機之崛起更是加速了這一趨勢，BlackBerry 最初在這一領域處於領先地位，而隨著 2007 年第一款 iPhone 的推出，一切都進入了更快的演進速度。基於 PC 的 Web 瀏覽器仍然是存取 Web 公認的方法。2000 年代中期，隨著 XMLHttpRequest API 和名為 *Asynchronous JavaScript and XML*（Ajax）的相應技術在瀏覽器中的廣泛採用，「Web 2.0」也跟著現世。當時，這項技術是具有革命性的。API 的非同步本質意味著不再需要回傳整個 HTML 頁面、剖析並在每次請求時完全刷新顯示。藉由資料交換層（data interchange layer）與表現層（presentation layer）的解耦，Ajax 允許網頁動態地改變內容，而不需要重新載入整個頁面。

所有這些變化都對 Web 伺服器和負載平衡器提出了新的需求，再次要求它們處理更多的負載，同時支援更安全的（SSL）訊務、越來越大型的（富媒體）資料承載和不同的優先序請求。這導致了 *application delivery controllers*（ADC，應用程式交付控制器）的

出現，這個術語是由 F5 Networks、Citrix 和 Cisco 等當時主要的網路公司所創造的。ADC 提供了對壓縮、快取、連線多工（connection multiplexing）、訊務塑形（traffic shaping）和 SSL 卸載（SSL offload）的支援，並結合了負載平衡。目標使用者仍然是基礎設施工程師、網路專家和系統管理員。

到了 2000 年代中期，現代訊務管理邊緣堆疊的所有元件幾乎都被整個產業廣泛採用。然而，許多元件的實作和營運在團隊之間變得越來越孤立。如果開發人員想在大型組織內公開一個新的應用程式，這通常意味著要與 CDN 供應商、負載平衡團隊、資訊安全和 WAF 團隊以及 Web 和應用程式伺服器團隊進行許多分別的會議。像 DevOps 這樣的運動開始湧現，部分驅力源於想要消除這些孤島所帶來的摩擦。如果你的邊緣堆疊仍然有大量的分層，並且正在遷移到雲端或新的平台，現在就是考慮多個分層和專業團隊之取捨的時候了。

2010 年代初期：第一代的 API 閘道

2000 年代末和 2010 年代初，API 經濟和相關技術興起。像 Twilio 這樣的組織正在顛覆電信業，他們的創始人 Jeff Lawson（*https://oreil.ly/jQsob*）在推銷其產品時曾說過：「我們已經將整個混亂而複雜的電話世界簡化成了五個 API 呼叫」。Google Ads API 使內容創作者能夠在網站上盈利，而 Stripe 則為大型組織提供了輕鬆的服務收費方式。成立於 2007 年底的 Mashape，是早期嘗試為開發人員建立一個 API 市場的先驅之一。儘管這個確切的願景沒有實現（現在看來是太過超前其時代了，因為現在有「無程式碼（no code）」或「低程式碼（low code）」解決方案的興起），但 Mashape 的商業模式衍生出了 Kong API Gateway，它以 OpenResty（*https://openresty.org/en*）和開源的 NGINX 實作為基礎打造而成。其他的實作包括 WSO2 的 Cloud Services Gateway、Sonoa Systems 的 Apigee 和 Red Hat 的 3Scale Connect。

這些是除了平台團隊和系統管理員之外，還針對開發者所推出的最早的邊緣技術。很大的一個焦點放在管理 API 的 SDLC（software development lifecycle，軟體開發生命週期），並提供系統整合功能，如端點（endpoints）和協定連接器（protocol connectors），以及轉譯模組（translation modules）。由於所提供的功能範圍廣，第一代 API 閘道絕大多數都是在軟體中實作的。許多產品中都出現了開發人員入口網站，這使得工程師能以一種結構化的方式記錄和分享他們的 API。這些入口網站還提供存取控制、使用者和開發者帳戶管理、發佈控制和分析功能。理論上，這將使 API 的收益化和「作為產品的 API」之管理變得容易。

在開發者於邊緣互動的這一演變過程中，人們越來越關注 OSI 網路模型應用層（application layer，第 7 層）的 HTTP 部分。前幾代的邊緣技術通常聚焦的是 IP 位址和通訊埠（ports），它們主要運行於 OSI 模型的傳輸層（transport layer，第 4 層）。允許開發者在 API 閘道中根據 HTTP 詮釋資料（metadata，如基於路徑的路由或基於標頭的路由）做出路由決策，為更豐富的功能性提供了發展機會。

還有一個新興的趨勢是建立基於服務的較小型架構，這些架構採用了原始 SOA 中的一些想法，但使用更輕量化的實作技術和協定進行重塑。企業組織從他們現有的單體源碼庫（monolithic codebases）中提取出單一用途的獨立應用程式，而其中的一些單體就充當 API 閘道，或提供類似 API 閘道的功能，例如路由和認證。在第一代 API 閘道中，常見的情況是，功能和跨功能的問題，如路由、安全性和彈性，都是在邊緣和應用程式和服務中同時進行的。

2015 年開始：第二代的 API 閘道

2010 年代中期，新一代模組化和服務導向的架構興起，到了 2015 年，「微服務（microservices）」的概念穩固地成為了時代的主流。這主要得益於 Netflix、AWS 和 Spotify 等「獨角獸（unicorn）」組織，分享了他們在這些架構模式下的工作經驗。除了後端系統被分解成更多、更小型的服務之外，開發人員也開始採用基於 Linux LXC 的容器（container）技術。Docker 於 2013 年 3 月發佈，而 Kubernetes 緊隨其後，於 2015 年 7 月發佈了 v1.0 版本。架構風格的遷移和執行環境的變化推動了邊緣的新需求。Netflix 在 2013 年中期發佈了其基於 JVM 的訂製版 API 閘道 Zuul（*https://oreil.ly/rdN4q*）。Zuul 支援動態後端服務的服務探索（service discovery）功能，也允許在執行時期注入 Groovy 指令稿（scripts），以便動態修改行為。這個閘道還將許多跨功能的考量整合到單一邊緣元件中，例如認證、測試（金絲雀發行版，canary releases）、速率限制和負載削減，以及可觀察性。Zuul 是微服務領域革命性的一種 API 閘道，此後它又發展到了第二版，而 Spring Cloud Gateway 就是在此基礎上建立的。

隨著 Kubernetes 的採用率越來越高，以及 Lyft Engineering 團隊在 2016 年開源發佈了 Envoy Proxy，許多 API 閘道都是以這項技術為中心所建造的，包括 Ambassador Edge Stack（奠基於 CNCF Emissary-ingress 之上）、Contour 和 Gloo Edge。這推動了整個 API 閘道領域的進一步創新，Kong 鏡像（mirroring）功能由下一代閘道和其他當時正推出的閘道提供，如 Traefik、Tyk 等。

第二代 API 閘道的目標使用者與第一代的支持者群基本相同，但有了更明確的關注點分離（separation of concerns），更注重開發者的自助式服務。從第一代到第二代 API 閘道，在閘道中實作的功能和跨功能的需求都得到了進一步的整合。儘管人們普遍認為微服務應該圍繞 James Lewis 和 Martin Fowler（*https://oreil.ly/LySYe*）所倡導的「聰明端點（smart endpoints）和無腦管線（dumb pipes）」理念來構建，但融合多語言堆疊意味著「微服務閘道（microservice gateways）」的出現（更多細節請參閱下一節），以獨立於語言的方式提供跨領域的功能（cross-cutting functionality，或稱「橫切關注點功能」）。

目前的 API 閘道分類法

就像軟體開發業界的術語一樣，對 API 閘道的定義或分類往往沒有一個確切的共通結論。在這項技術應該提供的功能方面有廣泛的共識，但業界的不同部分對 API 閘道有不同的要求，因此也有不同的看法。這導致了 API 閘道幾種子類型的出現和討論。在本章的這一節，你將探索 API 閘道的新興分類法（taxonomy），並了解它們各自的用例、優勢和弱點。

傳統的企業閘道

傳統的企業 API 閘道通常針對用例是對外開放並管理以業務為重點的 API。這種閘道也經常與完整的 API 生命週期管理解決方案整合，因為這是在大規模發佈、營運和收益化 API 時的一個基本要求。這個領域的大多數閘道可能會提供一個開源版本，但實際使用上通常會強烈偏向閘道的開放核心（open core）版本或商業版本。

這些閘道通常需要部署和營運依存的服務，如資料存放區。這些外部依存關係必須以高可用性運行，以保持閘道的正確運作，這必須被納入營運成本和 DR/BC 計畫中。

微服務和微型閘道

微服務 API 閘道（或稱微型 API 閘道）的主要用例是將入口訊務（ingress traffic）繞送到後端 API 和服務。與傳統企業閘道相比，通常沒有為 API 生命週期的管理提供很多功能。這些類型的閘道經常以開源方式提供，而且功能齊全，或者作為傳統企業閘道的輕量化版本提供。

它們傾向於作為獨立的元件部署和營運，並經常利用底層平台（如 Kubernetes）來管理任何內部狀態，如 API 生命週期資料、速率限制計數和 API 消費者帳戶管理。由於微服務閘道通常使用 Envoy 等現代代理技術構建，與服務網格（尤其是使用相同代理技術建置的那些）的整合能力通常很好。

服務網格閘道

包括在服務網格中的入口或 API 閘道，通常被設計成只提供將外部訊務繞送到網格中的核心功能。因此，它們往往缺乏一些典型的企業功能，如與認證和身分識別提供者解決方案的全面整合，以及與其他安全功能的整合，如 WAF。

服務網格閘道通常使用自己的內部實作或平台（如 Kubernetes）提供的實作來管理狀態。這種類型的閘道也隱含地與關聯的服務網格（和營運需求）相耦合，因此，如果你還沒有計畫部署服務網格，那麼這很可能不是 API 閘道的良好首選。

比較 API 閘道的類型

表 3-3 強調了三種最廣泛部署的 API 閘道類型在六個重要標準上的差異。

表 3-3　企業、微服務和服務網格 API 閘道的比較

用例	傳統企業 API 閘道	微服務 API 閘道	服務網格閘道
主要用途	對外開發、編排和管理內部業務 API 和關聯服務	對外開放、編排和管理內部業務服務	對外開放網格中的內部服務。
發佈功能	API 管理團隊或服務團隊透過 admin API 註冊或更新閘道（在成熟的組織中，這透過交付管線來實作）。	服務團隊透過宣告式的程式碼，作為部署過程的一部分來註冊或更新閘道。	服務團隊透過宣告式的程式碼，作為部署過程的一部分來註冊或更新網格和閘道。
監控	以管理和營運為重點，例如，計量每個消費者的 API 呼叫數、回報錯誤（如 internal 5XX）。	以開發人員為重點，例如延遲、流量、錯誤、飽和度。	以平台為重點，例如使用率、飽和度、錯誤。
處理與除錯問題	L7 錯誤處理（如自訂錯誤頁面）。為了排除故障，在預備環境中運行帶有額外日誌和除錯問題的閘道和 API。	L7 錯誤處理（如自訂錯誤頁面、故障切換或承載）。對於除錯問題，配置更詳細的監控，並啟用影子流量（traffic shadowing）和或金絲雀試驗（canarying）來重現問題。	L7 錯誤處理（如自訂錯誤頁面或承載）。對於故障排除，配置更詳細的監控或運用流量「監聽」來查看和除錯特定的服務與服務間通訊。
測試	為 QA、預備工作和生產分別運行多個環境。自動整合測試，和帶有閘道的 API 部署。使用消費者驅動的 API 版本控制，以提高相容性和穩定性（如 semver）。	啟用金絲雀路由（canary routing）和暗啟動（dark launching）進行動態測試。使用契約測試進行升級管理。	促進金絲雀路由以進行動態測試。
本地部署	在本地部署閘道（透過安裝指令稿、Vagrant 或 Docker），並試圖減少與生產環境的基礎設施差異。使用特定語言的閘道模擬（gateway mocking）和模擬框架（stubbing frameworks）。	透過服務協調平台（如容器，或 Kubernetes）在本地部署閘道。	透過服務協調平台（如 Kubernetes）在本地部署服務網格。
使用者體驗	基於 Web 的管理 UI、開發人員入口和服務目錄（service catalog）。	IaC 或 CLI 驅動的，有簡單的開發人員入口網站和服務目錄。	IaC 或 CLI 驅動的，附帶有限的服務目錄。

案例研究：使用 API 閘道發展會議系統

在本章的這一部分，你將學習如何安裝和配置一個 API 閘道，將訊務直接繞送到從單體會議系統中提取出來的 Attendee 服務。這將展示如何使用流行的「strangler fig」模式[4]（該模式將在第 205 頁的「絞殺者無花果樹（strangler fig，又稱「殺手榕」）」中詳細介紹），透過逐步將現有系統的各個部分提取為可獨立部署及運行的服務，來讓你的系統逐漸從單體演變成基於微服務的架構。圖 3-9 呈現增加了 API 閘道的會議系統架構之概觀。

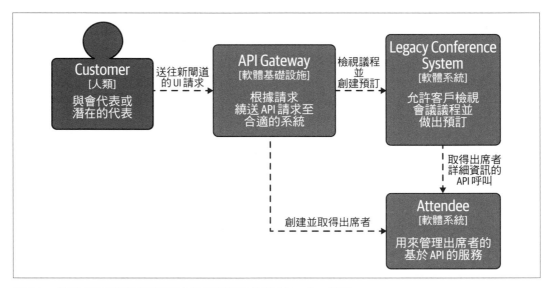

圖 3-9　使用 API 閘道繞送到獨立於單體運行的新 Attendee 服務

許多組織通常透過提取服務來開始實行這樣的遷移，但還是讓單體應用程式為外部運行的服務處理路由和跨領域考量。這通常是簡單的選擇，因為單體本來就要為內部函式提供這種功能。然而，這導致了單體和服務之間的緊密耦合，所有的訊務都流經單體應用程式，而組態配置的節奏就要由單體的部署頻率決定。從訊務管理的角度來看，單體應用程式的負載增加，若是失敗，爆炸半徑也變廣了，這意味著營運成本會很高。而且，由於發佈速度慢或部署失敗，在更新路由資訊或跨領域組態設定方面受到限制，會妨礙你的迭代速度。正因為如此，我們一般不建議使用單體以這種方式來繞送訊務，特別是你計畫在相對較短的時間範圍內提取多個服務時。

4　Martin Fowler 對 StranglerFigApplication（*https://oreil.ly/KUxU3*）的看法。

只要閘道部署為高度可用的，而且開發人員可以直接（自助地）管理路由和組態配置，提取並集中應用程式的路由和跨領域關注點到 API 閘道，就可以提供安全性和速度。現在讓我們演練一個實際的例子，在會議系統內部署一個 API 閘道，使用它來繞送至新的 Attendee 服務。

在 Kubernetes 中安裝 Ambassador Edge Stack

在你把會議系統部署到 Kubernetes 叢集的過程中，除了使用命令列工具外，你還可以使用標準的 Kubernetes 原生做法，例如套用 YAML 組態或使用 Helm，輕鬆安裝 API 閘道。舉例來說，Ambassador Edge Stack API 閘道（*https://oreil.ly/4rakU*）就能使用 Helm 安裝。一旦你部署和配置了這個 API 閘道，你就可以透過遵循 Host 組態設定教程（*https://oreil.ly/TtthW*）輕易取得 LetsEncrypt 的 TLS 認證。

隨著 API 閘道運作起來並提供 HTTPS 連線，會議系統應用程式不再需要考量 TLS 連線的終止或監聽多個通訊埠。同樣地，認證和速率限制也可以輕鬆設定，無須重新配置或部署你的應用程式。

配置從 URL 路徑到後端服務的映射關係

你現在可以使用一個 Ambassador Edge Stack Mapping Custom Resource（*https://oreil.ly/1Be0g*），將你的網域根目錄映射到 Kubernetes 叢集內，在 8080 通訊埠上聆聽請求，並執行在「legacy」命名空間（namespace）中的「conferenceystem」服務。對於那些設定過 Web 應用程式或反向代理來聆聽使用者請求的人來說，這種 Mapping 應該是很熟悉的。詮釋資料（metadata）為 Mapping 提供了一個名稱，而前綴（prefix）決定了被映射到目標服務（格式為 `service-name.namespace:port`）的路徑（本例中為「/」根目錄）。這裡有個例子：

```
---
apiVersion: getambassador.io/v3alpha1
kind: Mapping
metadata:
  name: legacy-conference
spec:
  hostname: "*"
  prefix: /
  rewrite: /
  service: conferencesystem.legacy:8080
```

可以添加另一個 Mapping，將發送到「/attendees」路徑的任何訊務繞送到從單體提取出的新的（「下一代」）attendees 微服務。Mapping 中包含的資訊應該和前面的例子一樣熟悉。這裡指定了一個 rewrite，在發出呼叫給目標 Attendee 服務之前「覆寫（rewrites）」URL 詮釋資料中匹配的 prefix 路徑。這使得在 Attendee 服務看來，請求源自於「/」路徑，有效地剝離了路徑中的「/attendees」部分。

```
---
apiVersion: getambassador.io/v3alpha1
kind: Mapping
metadata:
  name: legacy-conference
spec:
  hostname: "*"
  prefix: /attendees
  rewrite: /
  service: attendees.nextgen:8080
```

每當有新的微服務從傳統應用程式中提取出來時，這種創建額外映射的模式就可以繼續下去。匹配的前綴可以是巢狀的（如 /attendees/affiliation），或者使用正規表達式（如 /attendees/^[a-z].*"）。最終，傳統的應用程式變成了一個只有少數函式的小型空殼，所有其他功能都由微服務所處理，每個微服務都有自己的 Mapping。

使用基於主機的路由來配置映射

大多數 API 閘道也能讓你進行基於主機的路由（host-based routing，例如 host: attendees.conferencesystem.com）。如果你需要創建一個新的網域（domain）或子網域（subdomain）來託管新的服務，這可能很有用。這裡顯示了一個使用 Ambassador Edge Stack Mappings 的例子：

```
---
apiVersion: getambassador.io/v3alpha1
kind:  Mapping
metadata:
  name:  attendees-host
spec:
  hostname: "attendees.conferencesystem.com"
  prefix: /
  service: attendees.nextgen:8080
```

許多現代 API 閘道也支援基於路徑（paths）或查詢字串（query strings）的路由。無論你的需求是什麼，也無論你目前基礎設施有什麼限制，你都應該能夠輕鬆地繞送到你現有的應用程式和新的服務。

避免根據請求的承載進行繞送

有些 API 閘道會依據請求的承載（payload）或主體進行繞送，但一般應避免這樣做，原因有二。首先，這通常會將高度耦合的領域限定資訊洩露到 API 閘道組態中（例如承載通常符合可能在應用程式中改變的結構描述或契約，這樣閘道就會需要與之同步）。其次，為了提取路由所需的資訊，對大型承載進行解序列化和剖析，其計算成本可能很高（而且很耗時）。

部署 API 閘道：了解並管理故障情況

無論系統中所涉及的閘道之部署模式和數量為何，API 閘道通常位於使用者請求進入系統的許多（如果不是全部的話）關鍵路徑上。部署在邊緣的閘道之故障通常會導致整個系統無法取用。而部署在更上游的閘道之故障則經常會導致一些核心子系統不可用。出於這個原因，了解和管理 API 閘道的故障情況是非常重要的學習課題。

作為單一故障點的 API 閘道

在一個標準的基於 Web 的系統中，第一個明顯的單一故障點（single point of failure）通常是 DNS。雖然這通常是由外部管理的，但無法逃避的事實是，如果它發生故障，那麼你的網站將不可用。接下來的單一故障點通常會是全球和本地的第四層負載平衡器，而取決於部署位置和組態，也可能是安全性邊緣元件，如防火牆或 WAF。

在這些核心邊緣元件之後，下一層通常是 API 閘道。你在閘道中依存的功能越多，涉及的風險就越大，故障所帶來的衝擊也越大。由於 API 閘道經常參與軟體的發行，其組態配置也持續被更新。檢測和解決問題並減輕任何風險的能力是至關重要的。

挑戰安全單一故障點的假設

根據產品、部署和組態配置的不同，一些安全元件可能是「失效開啟（fail open）」的，也就是說，若有元件發生故障，訊務將單純穿越該元件到上游元件或後端。對於以可用性為最重要目標的一些場景，這是需要的，但對於其他場景（如金融或政府系統），這很可能不是。一定要挑戰你當前安全配置中的假設。

檢測問題並釐清責任歸屬

檢測問題的第一階段是確保你有從你的監控系統蒐集並獲得適當的訊號，即來自效能指標、日誌和追蹤軌跡的資料。任何關鍵系統都應該有一個明確定義的團隊來擁有它並對任何問題負責。團隊應該溝通 SLO（service-level objectives，服務等級目標），這些目標可以編入內部和外部客戶的 SLA（service-level agreements，服務等級協議）。

 補充讀物：可觀察性、警報和 *SRE*

如果你對可觀察性（observability）的概念感到陌生，那麼我們建議你多了解 Brendan Gregg 的使用率、飽和度和錯誤（utilization, saturation, and errors，簡稱「USE」）方法（*https://oreil.ly/SgSSQ*）；Tom Wilkie 的速率、錯誤和持續時間（rate, errors, and duration，簡稱「RED」）方法（*https://oreil.ly/yFnDt*），以及 Google 的監控的四個黃金訊號（*https://oreil.ly/tESfc*）。如果你想了解更多相關的組織目標和流程，強烈推薦《*Google Site Reliability Engineering（SRE）*》這本書（*https://oreil.ly/rMBW3*）。

解決事件和問題

首先，在你的系統中運行的每一個 API 閘道，都需要一個所有人在元件出現任何問題時負起責任。在較小型的組織中，這可能是也負責底層服務的開發人員或 SRE 團隊。在較大型的組織中，這可能是一個專門的基礎設施團隊。由於 API 閘道位在請求的關鍵路徑上，這個所有人團隊的某些人員應該酌情待命（這可能是 24/7/365）。然後，待命團隊將面臨一項棘手的任務，即儘快修復問題，但也要蒐集足夠的資訊（或定位和隔離出系統與組態）以了解出錯的原因。

在任何事件發生後，組織都應該努力進行無責難的事後調查，並且記錄和分享所有的經驗教訓。這些資訊不僅可以用來防止同樣問題的再次發生，而且這些知識對正在學習系統的工程師、和處理類似技術或挑戰的外部團隊也非常有用 [5]。

---

5 如果你是這個領域的新手，那麼「Learning from Incidents」（*https://oreil.ly/4aFqy*）網站會是一個很好的跳板。

減輕風險

任何位在處理使用者請求的關鍵路徑上的元件，都應該在成本和營運複雜性允許的範圍內，達到越高的可用性（availability）越好。軟體架構師和技術負責人要處理取捨的問題，而這種類型是最具挑戰性的。在 API 閘道的世界裡，高可用性通常從運行多個實體（instances）開始。對於自有（on-premise）或共同租借（co-lo）的實體，這意味著要營運多個（冗餘的）硬體設備，最好分佈在不同的地點。在雲端中，這意味著要在多個可用區（availability zones）或資料中心和地區設計並運行 API 閘道實體。若有在 API 閘道實體前面部署一個（全球）負載平衡器，那麼就必須適當配置健康狀態檢查和備援轉接流程，進行定期測試。如果 API 閘道實體以 active/passive 或 leader/node 運作模式執行，這一點就特別重要。

你必須確保你負載平衡器到 API 閘道的故障切換（failover）流程滿足你在服務連續性（continuity）之上的所有要求。在故障切換事件中遇到的常見問題包括：

- 使用者客戶端狀態管理問題，如後端狀態沒有正確遷移，導致黏滯工作階段（sticky sessions）功能失敗。
- 效能差勁，因為客戶端沒有根據地理因素進行重導（例如，歐洲使用者在美國東海岸的資料中心是可用的情況下，被重導到美國西海岸）。
- 非預期的串聯故障（cascading failure），如領導者選舉（leader election）元件出現故障，產生死鎖（deadlock），從而導致所有後端系統不可用。

常見的 API 閘道實作陷阱

你已經看到，沒有任何技術是能解決所有問題的銀子彈（silver bullet），但延續技術性陳腔濫調這個主題，可能會有的情況是：當你有一個技術錘子時，一切都看起來像一個釘子。API 閘道「錘子」也是這種情況，所以你應該始終致力於避免幾個常見的 API 閘道陷阱或反模式。

API 閘道回送

與所有常見的陷阱一樣，這種模式的實作往往始於良好的意圖。當一個組織只有少數幾個服務時，通常不需要安裝服務網格（service mesh）。然而，服務網格功能的某些子集經常是必需的，特別是服務探索（service discovery）。一個簡單的實作是將所有訊務繞送通過邊緣或 API 閘道，而該閘道維護所有服務位置的官方目錄。在這個階段，這個模式看起來有點像「hub and spoke（中樞輪輻）」網路拓撲圖。挑戰會以兩種形式出現：

首先，當所有的服務對服務的訊務在經由閘道重新進入網路之前就離開了網路，這可能帶來效能、安全性和成本方面的問題（雲端供應商通常是對出口和跨可用區的訊務進行收費）；其次，這種模式的規模無法超過少數幾個服務，因為閘道會過載，變成一個瓶頸，成為真正的單一故障點。這種模式也會增加可觀察性的複雜性，因為多個循環會讓人難以理解每次呼叫發生了什麼事。

看看你配置了兩個 Mappings 的會議系統當前的狀態，你可以發現這種問題的出現。任何外部訊務，如使用者請求，都被 API 閘道正確地繞送到其目標服務。然而，傳統（legacy）應用程式如何發現 Attendee 服務的位置呢？通常，第一種做法是透過可公開定址的閘道（publicly addressable gateway）將所有請求繞送回來（例如，傳統應用程式發出呼叫到 www.conferencesystems.com/attendees）。取而代之，傳統的應用程式應該使用某種形式的內部服務探索機制，並將所有內部請求保持在內部網路之中。你將在下一章學到如何使用服務網格來實作這一點。

API 閘道作為 ESB

絕大多數 API 閘道都支援透過建立外掛（plug-ins）或模組（modules）來擴充其內建功能。NGINX 支援 Lua 模組，OpenResty 和 Kong 利用了這一點。Envoy Proxy 最初支援 C 語言的擴充功能，現在支援 WebAssembly 過濾器（filters）。我們已經在第 72 頁的「2015 年開始：第二代的 API 閘道」討論過 Netflix 的 Zuul API 閘道的最初實作是如何透過 Groovy 指令稿支援擴充的。這些外掛所實現的許多用例是非常有用的，如 authn/z、過濾和日誌記錄。但是，把業務邏輯放到這些外掛中是很誘人的選擇，這種方式會導致你的閘道和你的服務或應用程式高度耦合。這產生了一種潛在的脆弱系統：一個外掛的變化就會波及整個組織，或者在發佈過程中增加額外的摩擦，因為目標服務和外掛的部署必須是同步的。

一路往下都是烏龜（API 閘道）

如果一個 API 閘道是好的，那麼更多個一定更好，對嗎？常見的情況是，大型組織的範圍內部署了多個 API 閘道，通常是以階層架構方式進行，或試圖分割網路或部門。其意圖通常是好的：要麼是為內部業務線提供封裝，要麼是為了分離每個閘道的關注點（例如，「這是傳輸安全閘道，這是認證閘道，這是日誌記錄閘道…」）。當變化的成本過高時，常見的陷阱就會探出頭來，例如，你必須和為數眾多的閘道團隊協調，只是為了發佈一個簡單的服務升級，這存在可理解性問題（「誰擁有追蹤功能？」），或者效能會受到影響，因為每次網路轉送都會招致成本。

挑選一個 API 閘道

現在你已經學到 API 閘道提供的功能、該技術的歷史，以及 API 閘道在整個系統架構中合適的位置，接下來是百萬美元問題：你如何挑選一個 API 閘道來納入你的堆疊中？

識別需求

任何新的軟體交付或基礎設施專案的第一步都是確定相關的需求。這可能看起來很明顯，但它太容易被閃亮的技術、神奇的行銷手法或良好的銷售文件所分散注意力了！

你可以回顧一下本章第 62 頁的「為什麼要使用 API 閘道？」那一節，更詳細探討你在選擇過程中應該考慮的高階需求。重要的是，提出的問題既要關注當前的痛點，也要關注你未來的發展路線。

建造 vs. 購買

挑選 API 閘道時，一個常見的議題是「建置 vs. 購買」的兩難選擇。這並不是軟體系統的這一組成部分所特有的，但經由 API 閘道提供的功能確實導致一些工程師傾向於此，也就是他們可以比現有的供應商「更好地」打造出這種功能，或者他們的組織在某種程度上是「特殊的」，將從自製的實作中受益。一般來說，我們認為 API 閘道元件已經足夠成熟，通常最好採用開源實作或商業解決方案，而非建造自己的。介紹軟體交付技術自行建造或購買的案例可能需要一整本書，因此在本節中我們只想強調一些常見的挑戰：

低估所有權的總成本（*total cost of ownership*，TCO）

　　許多工程師不考慮解決方案的工程成本、持續維護的成本和長期的營運成本。

沒有考慮到機會成本

　　除非你是一個雲端或平台供應商，否則自製的 API 閘道極度不可能為你提供競爭優勢。你可以透過建立一些更接近你整體價值主張的功能，來為你的客戶提供更多的價值。

不了解當前產品的技術解決方案

　　開放原始碼和商業平台元件領域的發展速度都很快，要追上最新的進展可能是一項挑戰。然而，這也是作為技術領導者的核心部分。

ADR 指導方針：挑選一個 API 閘道

表 3-4 提供了一系列關鍵的 ADR 指導方針，可以用來幫助你決定在你當前的組織或專案中實作哪種 API 閘道比較好。

表 3-4　ADR 指導方針：挑選 API 閘道的檢查表

決策	我們應該如何為我們的組織選擇一個 API 閘道？
討論重點	我們是否已經確定了與選擇 API 閘道有關的所有需求並確定了優先次序？
	我們是否已經確定了目前在組織內這一領域已經部署的技術解決方案？
	我們是否知道我們的團隊和組織的所有限制？
	我們是否探討了與這一決定有關的未來路線圖？
	我們是否誠實地計算了「建造 vs. 購買」的成本？
	我們是否探索了當前的技術環境，是否知道所有可用的解決方案？
	我們是否在分析和決策中諮詢並告知所有相關的利害關係者？
建議	特別關注你的需求，以減少 API 和系統的耦合、簡化消費方式、保護 API 不被過度使用和濫用、了解 API 是如何被使用的、把 API 當作產品來管理，並使 API 得以盈利。
	要問的關鍵問題包括：是否有一個現有的 API 閘道正在使用中？是否已經組合了一些技術來提供類似的功能（例如硬體負載平衡器與執行認證和應用層級路由的單體應用程式相結合）？目前有多少元件構成了你的邊緣堆疊（例如 WAF、LB、邊緣快取等）？
	關注你團隊中的技術水平，是否有人員從事 API 閘道專案，以及可用的資源和預算等。
	重要的是要識別出所有可能影響訊務管理和 API 閘道提供的其他功能的計畫變更、新功能和當前目標。
	計算目前所有類似 API 閘道的實作和未來潛在解決方案的總成本（TCO）。
	諮詢知名分析師、趨勢報告和產品評論，以了解目前所有可用的解決方案。
	挑選和部署 API 閘道將影響許多團隊和個人。一定要與開發人員、QA、架構審查委員會、平台團隊、InfoSec 等進行協商。

總結

在這一章中，你已經學到了什麼是 API 閘道，也探索了基於 Web 的軟體堆疊中的這一基本元件，目前所提供的功能之所以演變的歷史背景：

- 你已經學到了 API 閘道是如何成為遷移和發展系統的一個非常有用的工具，並且已經親手體驗如何使用 API 閘道來繞送（route）到從會議系統用例中提取出來的 Attendee 服務。

- 你已經探索了當前 API 閘道的分類及其部署模型，這使你有能力思考，如何管理所有使用者訊務都繞送通過邊緣閘道的架構中潛在的單一故障點。

- 在管理系統（入口）邊緣訊務的概念基礎上，你已經認識了服務到服務的通訊，以及如何避免常見的陷阱，例如將 API 閘道部署為功能較弱的 ESB（enterprise service bus，企業服務匯流排）。

- 所有這些知識的結合使你具備了關鍵的思考點、制約因素和必要的需求，以便在為你目前的用例選擇 API 閘道時做出有效的抉擇。

- 如同軟體架構師或技術負責人必須做出的大多數決策，這裡沒有明顯的正確答案，但往往會有一些需要避免的糟糕解決方案。

現在你已經探索過了 API 閘道為管理南北入口訊務（north–south ingress traffic）和相關 API 所提供的功能，下一章將探索服務網格在管理東西向（east–west）、服務對服務訊務（service-to-service traffic）方面的作用。

第四章

服務網格：
服務對服務的訊務管理

在上一章中，你探討了如何使用 API 閘道以可靠、可觀察和安全的方式對外開放你的 API、並管理來自終端使用者和其他外部系統的相關入口訊務。現在你將學習如何針對類似的目標管理內部 API 的訊務，也就是服務與服務之間的通訊（service-to-service communication）。

在基本層面上，服務網格的實作為服務與服務之間的通訊提供了路由、觀察和保障訊務的功能。值得一提的是，即使是這種技術也不是一蹴而就的；就像所有的架構決策一樣，存在著取捨；當你扮演架構師的角色時，就沒有免費的午餐可言！

在本章中，你將繼續發展案例研究，透過從傳統會議系統中提取出議程處理（sessions handling）功能，成為一個供內部使用的新 Session 服務。這樣做的過程中，你將了解到藉由創建或提取新服務和 API，並與現有的單體會議系統一起部署和運行所帶來的通訊挑戰。你在前一章探討的所有的 API 和訊務管理技術都將適用於此，所以你的自然傾向可能是使用 API 閘道來公開新的 Session 服務。然而，考慮到這些需求，這很可能會產生一個次優的解決方案。這時，服務網格（service mesh）模式和相關技術就能提供一種替代做法。

服務網格是唯一的解決方案嗎？

實際上，每一個基於 Web 的軟體應用程式都需要發出類似服務對服務的呼叫，即使這只是一個與資料庫互動的單體應用程式（monolithic application）。正因為如此，管理這類通訊的解決方案早已存在。最常見的做法是使用特定語言的程式庫，如 SDK（software development kit，軟體開發工具套件）程式庫、或資料庫驅動程式（database driver）。這些程式庫將基於應用程式的呼叫映射到服務 API 請求，同時也管理相應的訊務，通常透過使用 HTTP 或 TCP/IP 協定。隨著現代應用程式的設計接受了服務導向架構（service-oriented architectures），服務對服務呼叫的問題空間已經擴大。一個服務得呼叫另一個服務的 API 來滿足使用者的請求，是一種非常普遍的需求。除了提供訊務路由的機制外，你通常還需要可靠性、可觀察性（observability）和安全性（security）。

正如你會在本章學到的，基於程式庫和服務網格的解決方案通常可以滿足你的服務間通訊需求。我們看到服務網格被迅速採用，特別是在企業範圍內，而隨著消費者和提供者數量的增加，它通常是最可擴充規模、可維護和安全的選擇。正因如此，我們在本章中主要聚焦在服務網格模式。

指導方針：你應該採用服務網格嗎？

表 4-1 提供了一系列 ADR 指導方針，幫助你判斷是否應該在你的組織中採用服務網格技術。

表 4-1　ADR 指導方針：服務網格或程式庫準則

決策	你應該使用服務網格還是程式庫來繞送服務訊務？
討論重點	你是否在你的組織內使用單一程式語言？
	你是否只需要為 REST 或 RPC 之類通訊準備簡單的服務對服務路由？
	你是否有跨功能的需求，需要更進階的功能，如認證、授權或速率限制？
	你是否已經有了一個解決方案，或者有一個組織範圍內的命令，要求所有的訊務必須繞送通過你網路中的特定元件？
建議	如果你的組織要求使用單一的程式語言或框架，你通常可以利用特定語言的程式庫或機制進行服務間的通訊。始終使用最簡單的解決方案來滿足你的需求，並著眼於近期和已知的需求。
	如果你有進階的跨功能需求，特別是在使用不同程式語言或技術堆疊的服務之間，服務網格可能是最好的選擇。始終在你的組織內對現有的任務、解決方案和元件進行詳盡調查和評估。

案例研究：將議程功能提取到一個服務中

對於我們的會議系統案例研究的下一步發展，你將專注於會議所有人的需求，支援一個核心的新功能：透過行動應用程式查看和管理出席者的會議議程（*conference sessions*）。

這是一個重大的變化，值得為此建立一個 ADR。表 4-2 是擁有會議系統的工程團隊可能提出的一個範例 ADR。

表 4-2　ADR501 從傳統會議系統中分離出議程

狀態	提案
情境	會議所有人要求為目前的會議系統再增加一項新的功能。行銷團隊認為，如果出席者能夠透過行動應用程式查看會議的細節並表明他們對會議議程的興趣，那麼會議出席者的參與度將會提高。行銷團隊還希望能夠看到每場會議有多少出席者感興趣。
決策	我們將採取一個漸進的步驟，將 Session（議程）元件分割出來成為一個獨立的服務。這將允許針對 Session 服務的 API 優先開發，並允許從傳統會議服務調用 API。這也將允許 Attendee 服務直接呼叫 Session 服務的 API，以便向行動應用程式提供議程資訊。
後果	在處理所有與議程相關的查詢時，傳統應用程式將呼叫新的 Session 服務，以使用現有功能或新功能。當使用者想查看、添加或刪除他們對某場會議感興趣的議程時，Attendee 服務將需要呼叫 Session 服務。當會議管理人員想看看每個議程有誰參加時，Session 服務將需要呼叫 Attendee 服務，以確定誰參加了哪個議程。Session 服務可能成為架構中的單一故障點，我們可能需要採取措施來減輕運行單一 Session 服務的潛在影響。因為出席者對議程的查看和管理將在會議活動現場中急劇增加，我們還需要考慮到大型的流量高峰和一或多個 Session 服務可能出現過載或降低運作效能。

圖 4-1 的 C4 模型顯示了提議的架構變更。

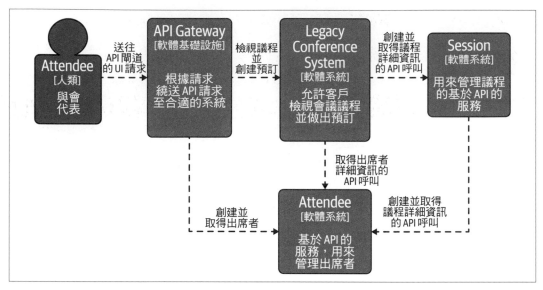

圖 4-1　顯示從會議系統提取出來的 Session 服務的 C4 模型

請注意，即使新的 Session 服務不需要對外開放，你還是可以經由 API 閘道公開該服務、並設定傳統系統和 Attendee 服務透過閘道的外部位址呼叫這個新服務，以輕鬆滿足前面 ADR 中所述的路由和可靠性需求。然而，這將是你在第 81 頁的「常見的 API 閘道實作陷阱」中學到的「API 閘道回送」反模式的一個例子。這種反模式可能導致目的地在內部的訊務離開你的網路，這對效能、安全性和（雲端供應商的）成本都有影響。現在讓我們探討一下服務網格如何幫忙滿足你的新需求，同時避免這種反模式。

服務網格是什麼？

基本上，「服務網格（service mesh）」是管理分散式軟體系統中，所有服務與服務（或應用程式與應用程式）之間通訊的一種模式。服務網格和 API 閘道模式之間有很多重疊之處，主要的區別有兩個。首先，服務網格的實作被最佳化來處理叢集或資料中心內服務對服務（service-to-service）或東西向（east–west）的訊務。其次，從這一點出發，通訊的發起者通常是一個（某種程度上）已知的內部服務，而不是使用者的裝置或在你應用程式外部運行的系統。

服務網格（*Service Mesh*）並非網狀網路（*Mesh Networking*）

服務網格不能與網狀網路（*https://oreil.ly/BbWJm*）相混淆，後者是一種較低階的網路拓撲結構。網狀網路在 IoT（Internet of Things，物聯網）的背景下正變得越來越普遍，也用於在偏遠或具有挑戰性的場景（如救災）中實作行動通訊基礎設施。服務網格的實作建立在現有的網路協定和拓撲結構之上。

服務網格模式的重點是為服務與服務之間的通訊提供訊務管理（路由）、彈性、可觀察性和安全性。如果你沒怎麼聽說過這種模式，也不用擔心，因為直到 2016 年，Buoyant 團隊才創造了這個術語來解釋他們的 Linkerd 技術的功能 [1]。再加上 Google 贊助的 Istio 等其他相關技術的引進，才使得「服務網格」這個專有名詞在雲端計算、DevOps 和架構等領域被迅速採用。

與 API 閘道非常相似，服務網格由兩個高階基本元件所實作：控制平面（control plane）和資料平面（data plane）。在服務網格中，這些元件總是分別部署。控制平面是營運人員與服務網格互動並定義路由、政策和所需監控數據的地方。資料平面是控制平面中指定的所有工作發生之處，也是網路封包繞送、政策施加和監控數據發出之處。

如果我們舉在 Kubernetes 叢集內設定服務對服務的訊務為例，人類操作員會先使用 Custom Resource 組態定義路由和政策（例如，在我們的案例研究中，就是指定 Attendee 服務可以呼叫 Session 服務），然後透過命令列工具（如 kubectl）或持續交付管線（continuous delivery pipeline）將其「套用（apply）」到叢集上。運行在 Kubernetes 叢集內的服務網格控制器（service mesh controller）應用程式作為控制平面，剖析這個組態並指示資料平面（通常是一系列與每個 Attendee 和 Session 服務一起運行的「sidecar」proxies）來加以執行。

---

1 Linkerd 專案衍生自 Twitter 的 Finagle 技術，該技術的建立是為了給建置 Twitter 分散式應用程式的開發者提供一個通訊框架。Linkerd 現在已經發展為一個成熟的 Cloud Native Computing Foundation（CNCF）專案。

服務網格的 **Sidecar** 和 **Proxy**

在服務網格的情境中，你經常會看到「sidecar（副載具）」和「proxy（代理伺服器）」這兩個術語被交替使用。然而，這在技術上是不正確的，因為「sidecar」是一種通用的模式，在服務網格中通常使用代理伺服器來實作。因此，用到「sidecar」一詞時，也都應該包括後綴「proxy」（例如「sidecar proxy」）。sidecar 模式的靈感源自於摩托車的副載具，其構成包括將一個應用程式或服務的功能分離成一系列獨立的行程，這些行程在同一個網路和行程命名空間（process namespace）中運行。在軟體架構中，一個 sidecar 接附到一個母體應用程式上，並以鬆散耦合的方式擴充或增強其功能。這種模式允許你在不使用特定語言程式庫或其他技術的情況下，為你的應用程式添加一些功能。你將在第 102 頁的「服務網格的演化歷程」中了解這種模式在服務網格實作中的發展歷史。

Kubernetes 叢集內所有的服務與服務間訊務都是透過 sidecar proxy 進行路由的，通常是透明的（底層應用程式不會察覺到有代理參與），這使得所有這些訊務都可以根據需要進行繞送、觀察和防護。圖 4-2 顯示了服務和服務網格控制平面與資料平面的一個拓撲結構範例。

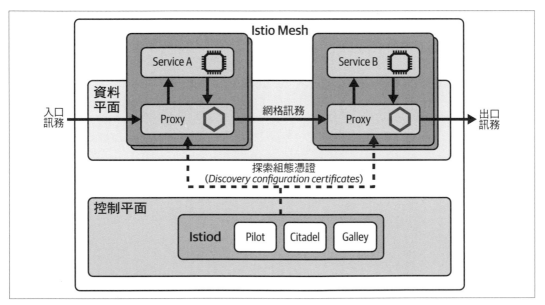

圖 4-2　服務以及服務網格的控制平面與資料平面的拓撲結構（以 Istio 為例）

服務網格提供什麼功能？

在網路層面上，服務網格代理作為一個全權代理伺服器，接受來自其他服務的所有入站訊務（inbound traffic），同時也發起對其他服務的所有出站請求（outbound requests）。這包括所有的 API 呼叫和其他的請求和回應。不同於 API 閘道，從服務網格資料平面到服務的映射（mapping）通常是一對一的，這意味著服務網格代理不會跨越多個服務彙總呼叫。服務網格提供跨領域的功能，如使用者驗證、請求的速率限制和逾時與重試，並且可以提供效能指標、日誌記錄和追蹤資料，以支援系統內可觀察性的實作。這正是我們透過提取 Session 服務並從傳統會議系統和 Attendee 服務呼叫該服務，以發展我們的案例研究所需的功能。

服務網格使用全權代理伺服器來攔截所有服務訊務

典型的情況是，所有的服務網格代理都作為「全權代理伺服器（full proxies）」運行，因為它們需要觀察和操縱流經網格的所有訊務。與半代理（half proxy）相比，全代理會處理客戶端和伺服器之間的所有通訊。一個根本的差異在於，全代理維護兩個不同的網路堆疊，一個在客戶端，一個在伺服器端，而且全權代理雙方。由於代理處於所有通訊的中間位置，因此有可能進行操作、拒絕、觀察，並對兩邊和雙向的通訊做必要的處理。當然，這種能力和彈性是有代價的，即全權代理需要更多的資源，並可能在通訊中引入更多的額外成本和延遲。

雖然與 API 閘道相比不太常見，但一些服務網格提供了額外的功能，讓開發者能夠管理 API 的生命週期。舉例來說，關聯的服務目錄（service catalog）可以協助使用服務 API 的開發者入門和進行管理，或者透過開發人員入口網站提供帳戶管理和存取控制。有些服務網格還提供政策的稽核和訊務管理，以滿足企業的治理需求。

服務網格部署在哪裡？

一個服務網格被部署在內部網路或叢集中。大型系統或網路通常透過部署幾個服務網格實體來進行管理，通常由每個單一的網格跨越一個網路區段或業務領域。

雖然部署在叢集（cluster）內，但服務網格可能會在一個網路非軍事區（network demilitarized zone，DMZ）內對外開放端點，或開放給外部系統，或其他網路或叢集。這通常是透過使用一種被稱為「網格閘道（mesh gateway）」、「終端閘道（terminating gateway）」或「過渡閘道（transit gateway）」的代理伺服器來實作。這種類型的外部閘道通常不提供面向外部的 API 閘道中常見的功能等級。對於涉及這種服務網格閘道的訊務管理是南北向的還是東西向的，有一些爭議存在，而這可能會影響到需求和所需的安全政策等。

圖 4-3 中顯示了一個服務網格網路拓撲結構的例子。

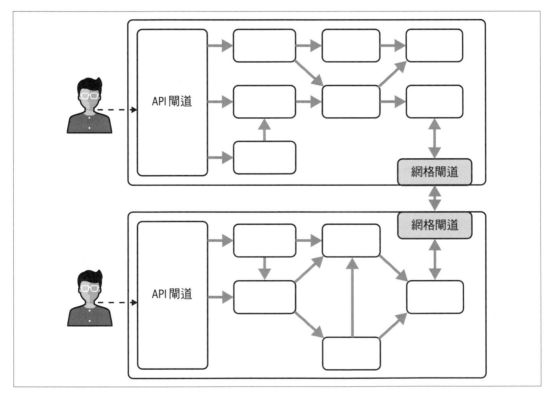

圖 4-3　一個典型的服務網格，部署在兩個叢集上（實心箭頭代表服務網格的訊務）

服務網格如何與其他網路技術結合？

現代網路堆疊可以有很多層，特別是在使用雲端技術時，虛擬化（virtualization）和沙箱化（sandboxing）發生在多個層面。服務網格應該與這些其他的網路分層一起和諧工作，但開發者和營運人員也需要注意潛在的互動和衝突。圖 4-4 顯示了物理（和虛擬化）網路基礎設施、典型網路堆疊和服務網格之間的互動。

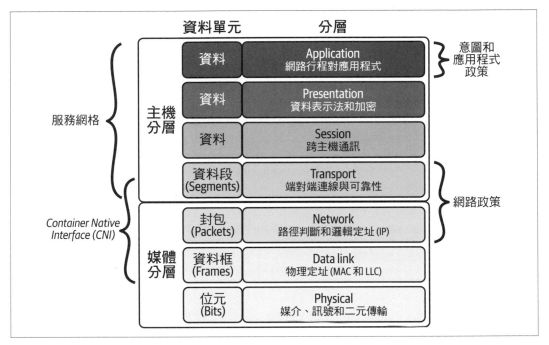

圖 4-4　OSI 模型顯示服務網格在第 3 層和第 7 層之間運作

舉例來說，把應用程式部署到 Kubernetes 叢集中時，一個 Service 可以藉由映射到 IP 位址的預定名稱來定址同一叢集中的另一個 Service。基本的訊務控制安全政策可以透過 NetworkPolicies 來實作，它在 IP 位址和通訊埠層級（OSI 第 3 或第 4 層）控制訊務，而額外的政策控制通常由叢集的 CNI（Container Networking Interface，容器網路介面）外掛所提供[2]。

2　你可以透過官方說明文件了解更多關於 Kubernetes 的網路概念：Service（*https://oreil.ly/LBZS3*）、NetworkPolicies（*https://oreil.ly/KVVUi*）和 Container Networking Interface（CNI，*https://oreil.ly/wNkuw*）。

服務網格可以覆寫預設的 CNI 服務對 IP 位址的解析和路由，還可以提供額外的功能。這包括跨叢集的透明路由，強制施加第 3/4 和第 7 層的安全防護（如使用者身分認證和授權），第 7 層的負載平衡（如果你使用像 gRPC 或 HTTP/2 之類的多工 keepalive 協定，這就很有用），以及在服務對服務層面和整個網路堆疊的可觀察性。

為什麼要使用服務網格？

與決定為何要在現有架構中部署 API 閘道類似，決定為什麼要採用服務網格也是一個多面向的議題。你需要平衡短期的實作收益和成本與長期的可維護性需求。對於每個或所有的內部服務，你可能有許多與 API 相關的跨領域考量，包括產品生命週期管理（增量發佈服務的新版本）、可靠性、支援多語言通訊、可觀察性、安全性、可維護性和可擴充性。服務網格可以幫忙解決所有的這些問題。

本章的這一節將為你提供服務網格可以解決的關鍵問題之概述，例如：

- 實現對服務路由、可靠性和訊務管理的精細化控制

- 提高服務間呼叫的可觀察性

- 強制施加安全防護，包括傳輸加密、認證和授權

- 支援各種語言的跨功能通訊需求

- 分離入口和服務對服務的訊務管理

對路由、可靠性和訊務管理的精細化控制

以分散式微服務為基礎的系統之訊務路由，可能比最初看起來更有挑戰性。典型情況下，一個服務的多個實體會被部署到一個環境中，目的是為了提高效能（跨服務的負載平衡）和可靠性（提供冗餘性）。此外，許多現代基礎設施平台是建立在「廉價硬體（commodity hardware）」之上的，這些計算資源是暫時性的，可能隨時關閉、重新啟動或消失；這意味著服務的位置可能會每天（甚至每分鐘）都發生變化。

當然，你可以運用你在第 3 章學到的路由技術和相關技巧。這裡的挑戰在於，與應用程式所公開的外部 API 相比，通常會有為數更多的內部服務和 API，而且內部系統及其相應的 API 和功能之變化速度通常更快。因此，如果在每個內部服務前部署 API 閘道，則營運成本將大幅增加，包括所需的計算資源和人工維護成本。

透明的路由和服務名稱正規化

從根本上說，路由（routing）是在一個網路中或在多個網路之間，為訊務選擇一個路徑的過程。在 Web 應用程式中，網路層級的路由通常在 TCP/IP 協定堆疊和關聯的網路基礎設施中處理（在 OSI 模型的第 3/4 層）。這意味著只需要連線目標和發起者的 IP 位址和通訊埠。在雲端時代之前，通常是在企業內部的資料中心進行，內部服務的 IP 位址往往是固定且眾所周知的。即使 DNS 被廣泛用於將網域名稱（domain names）映射到 IP 位址，但傳統的應用程式和服務仍然使用寫定的 IP 位址。這意味著，一個服務之位置的任何變化都需要重新部署呼叫該服務的所有服務。

隨著雲端的採用和我們基礎設施隨之而來的短暫性質，計算實體（computing instances）的 IP 位址和它們相應的服務會經常改變。這也意味著，如果你寫定 IP 和通訊埠位址，這些將不得不頻繁變更。隨著基於微服務的架構變得越來越盛行，重新部署的痛苦與應用程式中的服務數量呈現正相關。早期的微服務採用者透過實作外部的「服務探索」目錄，或包含服務名稱與 IP 位址和通訊埠之動態映射的註冊表，來克服此一問題[3]。

服務網格可以在服務的外部處理這種服務名稱對映位置的動態查找，而且是透明的，不需要修改程式碼、重新部署或重新啟動。服務網格的另一個好處是，它可以利用「環境感知（environment awareness）」與儲存在應用程式外部的組態相結合，在不同的環境中正規化（normalize）命名方式。舉例來說，部署到「production」的服務網格將認識到它正在這個（生產）環境中運行。然後，服務網格將在服務註冊表（service registry，可能與網格整合或在外部運行）查找位置，透明地將程式碼層級的服務名稱 sessions-service 映射到環境專屬的位置 AWS-us-east-1a/prod/sessions/v2。同樣的程式碼部署到預備環境（staging environment）中，只要有適當設定過的服務網格，就會把 session-service 繞送到 internal-staging-server-a/stage/sessions/v3。

可靠性

現代計算和叢集環境的短暫性，除了位置變化外，還帶來了與可靠性有關的挑戰。舉例來說，每個服務都必須正確處理與它互動的另一個服務的通訊問題。你很快就會在「The 8 Fallacies of Distributed Computing（分散式運算的八大謬誤）」中學到更多，但在這種情況下需要注意的問題包括服務的連線中斷、服務暫時不可用，或者服務的回應緩慢。這些挑戰可以在程式碼中使用眾所周知的可靠性模式來處理，如重試（retries）、逾時（timeouts）、斷路器（circuit breakers）、分區隔離（bulkheads）和備

---

3 Airbnb 的 SmartStack（*https://oreil.ly/mJDVW*）是最早的外部微服務 service discovery 的實作之一。

援方案（fallbacks）。Michael Nygard 的《*Release It! Design and Deploy Production-Ready Software*》一書，現在出到第二版了，提供了全面的探討和實作指南。然而，正如你將在第 100 頁的「支援跨語言的跨功能通訊」中深入探索的那樣，試圖在程式碼中實作這種功能通常會導致不一致的行為，特別是在不同的語言或平台上。

由於服務網格參與每個服務間通訊的發起和管理，它提供了一個完美的地點，得以一致地實作這些可靠性模式，以提供容錯和優雅降級（graceful degradation）。取決於實作，服務網格還能檢測問題並跨越整個網格分享這些資訊，允許網格中的每個服務就如何繞送訊務做出適當的決定；例如，如果一個服務的回應延遲在增加，可以指示呼叫目標服務的所有服務轉而啟動其備援動作。

對於案例研究，服務網格將能讓你定義如何處理與新的 Session 服務通訊時的任何故障。想像一下，在一個活動中，幾千名出席者剛剛看完上午的會議主題演講，並想查看他們當天的日程安排。Session 服務這種突然出現流量高峰可能會導致行為的退化降級。對於大多數用例，你會定義適當的逾時和重試，但是你也可以定義會觸發應用行為的一個斷路動作。舉例來說，如果從 Attendee 服務到 Session 服務用來取得出席者當日議程表的 API 呼叫反覆失敗，你可以在服務網格中觸發一個斷路器，使對該服務的所有呼叫迅速失敗（以允許該服務復原）。最有可能出現在行動應用程式中，你會透過「備援方案（falling back）」來處理這個故障，改為呈現整場會議的日程表，而不是個人日程表。

進階訊務路由：塑形、管制、分流和鏡像

自從 90 年代末的 dot-com 蓬勃發展以來，消費者 Web 應用程式就逐漸開始處理更多的使用者和更多的流量。使用者在效能和供應的功能方面也變得更加苛刻。因此，管理訊務以滿足安全、效能和功能發佈的需求就變得更加重要。正如你在第 61 頁的「API 閘道要如何與位在邊緣的其他技術整合？」中所了解到的，網路邊緣出現了專用設備來滿足這些需求，但這種基礎設施並不適合部署在每個內部服務之前。在本章的這一部分，你將更加了解基於微服務的應用程式在內部訊務塑形（shaping）和管制（policing）方面的典型需求。

訊務塑形（Traffic shaping）。訊務塑形是一種頻寬管理技術，它延遲部分或全部網路訊務，以符合所需的訊務描述（traffic profile）。訊務塑形用於最佳化或保證效能、改善延遲，或透過延遲其他種類的訊務來增加某些訊務的可用頻寬。最常見的訊務塑形類型是基於應用程式的訊務塑形，其中會先使用指紋工具（fingerprinting tools）來識別感興趣的應用程式，然後對其施加塑形政策。對於東西訊務（east–west traffic），服務網格可以

產生或監測指紋，如服務識別或其他一些用於此目的的代理伺服器，或含有相關詮釋資料的請求標頭（request header）；舉例來說，請求是來自於會議應用程式的免費層使用者，還是付費客戶。

訊務管制（Traffic policing）。訊務管制是監測網路訊務是否符合訊務政策或契約，並採取措施強制履行該契約的過程。違反政策的訊務可能會被立即丟棄，或被標示為不符合規定，或按原樣保留，這取決於管理政策。這種技術對於防止異常的內部服務發起 DoS（denial of service，阻斷服務）攻擊，或防止關鍵或脆弱的內部資源被訊務過度飽和（例如資料存放區）是非常有用的。在雲端技術和服務網格出現之前，內部網路中的訊務管制，通常只能在企業範圍內使用專門的硬體或軟體設備（如 ESB，enterprise service bus，企業服務匯流排）來實作。雲端計算和軟體定義的網路（software-defined networking，SDN）透過使用安全群組（security group，SG）和網路存取控制清單（network access control list，NACL）使訊務管制技術更容易被採用。

在管理東西向通訊時，網路或叢集邊界內的服務可能知道訊務契約，並可能在內部套用訊務塑形，以確保其輸出維持在契約範圍內。舉例來說，你的 Attendee 服務可以實作一個內部速率限制器（rate limiter），防止在特定時間內對 Session 服務 API 的過度呼叫。

服務網格允許對訊務塑形、分流（splitting）和鏡像（mirroring）進行精細化控制，這使得訊務從目標服務的一個版本，逐漸轉換或遷移到另一個版本成為可能。在第 131 頁的「發佈策略」中，我們將探討如何使用這種做法，來促進基於訊務的發佈策略之「建置與發佈分離」。

提供透明的可觀察性

在營運任何分散式系統，如基於微服務的應用程式時，觀察終端使用者體驗和任意內部元件的能力，對於故障識別和除錯相應的問題而言至關重要。歷史上，採用全系統監控需要在應用程式中整合高度耦合的執行時期代理人（runtime agents）或程式庫，需要在最初推出和所有未來升級期間部署所有應用程式。

服務網格可以提供一些所需的可觀察性，特別是應用程式（L7）和網路（L4）指標，並以透明的方式進行。任何監控數據收集元件（telemetry collection components）或服務網格本身的相應更新，都不應要求所有應用程式重新部署。當然，服務網格所能提供的可觀察性是有限制的，你也應該使用特定程式語言的度量指標和記錄輸出程式庫來檢測你的服務。舉例來說，在我們的案例研究中，服務網格將提供 Session 服務 API 呼叫的數量、延遲和錯誤率等指標，而且你通常也會決定記錄 API 呼叫的特定業務指標和 KPI。

強化安全性：傳輸安全、認證和授權

與可觀察性一樣，服務與服務之間的通訊安全，在歷史上也是透過特定語言的程式庫來實作的。這些高度耦合的方法提供了同樣的缺點和細微差異。舉例來說，在內部網路中實作傳輸層加密是一個比較常見的需求，但不同的語言程式庫處理憑證管理（certificate management）的方式不同，這增加了部署和定期更換憑證的運算負擔。管理服務（機器）和使用者（人類）身分的認證和授權要跨越不同語言也很困難。同時，如果沒有包含所需的程式庫，意外或刻意規避任何安全實作也往往很容易。

由於服務網格的資料平面包括在系統內任何訊務的路徑中，所以要在此強制施加所需的安全設定檔案（security profile）是相對簡單的。舉例來說，服務網格資料平面可以管理服務識別（例如使用 SPIFFE（*https://spiffe.io*））和加解密憑證（cryptographic certificates）、啟用 mTLS，以及服務層級的認證和授權。這使我們能夠在案例研究中輕鬆實作 mTLS，而不需要對程式碼進行修改。

支援跨語言的跨功能通訊

當你在基於微服務的應用程式中創建或提取服務，並從行程內通訊轉移到行程外通訊時，你需要考慮路由、可靠性、可觀察性和安全性方面的變化。處理這種情況所需的功能可以在應用程式碼中實作，例如作為一個程式庫。然而，如果你的應用程式或系統使用多種程式語言（多語言的做法在基於微服務的系統中很常見），這就意味著你將不得不為所使用的每種語言實作每個程式庫。由於服務網格通常使用 sidecar 模式實作，其中所有的服務通訊都透過服務外部的網路代理進行路由，但在同一網路命名空間中運行，所需的功能可以在代理中實作一次，並在所有服務中重複使用。你可以把它想成是「基礎設施依存性注入（infrastructure dependency injection）」。在我們的案例研究中，這能讓我們使用不同的語言改寫我們的 Attendee 服務（也許是為了滿足新的效能需求），並且仍然仰賴服務間通訊的跨功能面向而得到一致的處理。

分離入口和服務對服務的訊務管理

記得在第 xxxi 頁前言的「案例研究：一個演化步驟」中，我們簡要介紹了南北向和東西向訊務的關鍵概念。一般來說，南北訊務（north–south traffic）是指從外部位置進入你的系統的訊務。東西訊務（east–west traffic）則是指從系統到系統或服務到服務的內部流量。當你進一步研究「你的系統」之定義時，其定義會變得很棘手；舉例來說，這個定義是否延伸到僅由你的團隊、你的部門、你的組織或你信任的第三方所設計和營運的系統等等。

API 領域的一些貢獻者，包括來自 Kong 的 Marco Palladino（*https://oreil.ly/WvLyi*），認為南北向和東西向的用法在很大程度上是無關緊要的，更多是上一代計算機網路的過時觀念，當時系統之間的界限比較清晰。我們將在第 9 章更詳細地探討這一論點，因為這觸及了 API 作為產品（包括 API 生命週期管理）以及第 7 層和第 4 層服務連通性（來自 OSI 網路模型）的相關想法。表 4-3 顯示了入口訊務和服務對服務訊務之間核心特性和功能的差異。

表 4-3　入口和服務對服務之間的特性差異

	入口（南／北）	服務對服務（東／西）
訊務來源	外部（使用者、第三方、網際網路）	內部（在信任的邊界之內）
訊務目的地	面向公眾或業務的 API 或網站	服務或網域 API
認證	著重「使用者」（真實世界的實體）	著重「服務」（機器實體）和「使用者」（真實世界實體）
授權	「使用者」的角色或能力等級	著重「服務」的識別或網路區段，以及「使用者」的角色或能力等級
TLS	單向，經常是強制施加的（例如協定升級）	雙向，可能強制實施（嚴格的 mTLS）
主要實作	API 閘道、反向代理	服務網格、應用程式庫
主要所有者	閘道、網路或營運團隊	平台、叢集或營運團隊
組織使用者	架構師、API 管理員、開發人員	開發人員

如表所示，管理這兩種訊務類型的特性和相關需求往往相當不同。舉例來說，處理針對產品 API 的外部終端使用者訊務，與處理針對內部業務、網域或元件 API 的內部服務間訊務相比，有從根本上不同的需求。在實務上，這意味著 API 閘道和服務網格的控制平面必須提供不同的功能，以支援各自資料平面的配置。以我們的案例研究為例，Session 服務開發團隊可能希望指定該服務只能由傳統會議應用程式和 Attendee 服務呼叫，而 Attendee 服務團隊通常不會指定哪些外部系統可以或不能呼叫其公開的 API，那會是相關閘道或網路團隊的責任。

如果你把第 68 頁的「API 閘道的現代史」中探討的 API 閘道技術演變和使用情況，與下一節中描述的服務網格技術之演化歷程相比較，就能更加理解管理入口和服務間 API 呼叫的這種差異。

服務網格的演化歷程

雖然「服務網格（service mesh）」這個術語是在 2016 年提出的，但一些早期的「獨角獸」組織，如 Twitter、Netflix、Google 和 Amazon，從 2000 年代末和 2010 年代初就開始在其內部平台上建立並使用相關技術。舉例來說，Twitter 創建了基於 Scala 的 Finagle RPC 框架，該框架在 2011 年被開源。Netflix 在 2012 年創建並發佈了基於 Java 的微服務共享程式庫「OSS」，包括 Ribbon、Eureka 和 Hystrix[4]。後來，Netflix 團隊發佈了 Prana sidecar，來讓非基於 JVM 的服務也能夠利用這些程式庫。Finagle 程式庫的建立和 sidecar 的採用最終催生了 Linkerd，可以說是第一個基於 sidecar 的服務網格，也是 CNCF 成立時的一個初始專案。Google 迅速跟進，發佈了 Istio 服務網格，奠基於 Lyft Engineering 團隊的 Envoy Proxy 專案上。

在業界看起來像繞了一整圈又回到原點的轉折中，服務網格的功能正被推回共享程式庫中，就像我們看到的 gRPC 那樣，或是被加到 OS 的核心中。這種演變可以在圖 4-5 中看到。儘管這些早期的元件和平台的開發和使用現在已不再推薦，但快速瀏覽一下它們的演變過程是很有用的，因為這凸顯了使用服務網格模式的幾個挑戰和限制，其中一些仍然存在。

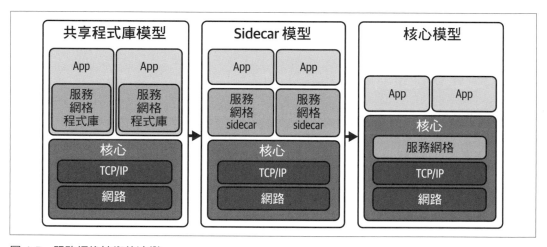

圖 4-5　服務網格技術的演變

4　你應該注意，Finagle RPC 框架（*https://oreil.ly/wHUOQ*）和 Netflix OSS 程式庫（*https://oreil.ly/BPvAv*）現在都已經棄用，不建議在現代生產系統中使用。

早期歷史和動機

90 年代，Sun Microsystems 公司的 Peter Deutsch 等人編寫了「The 8 Fallacies of Distributed Computing（分散式運算的八大謬誤）」（*https://oreil.ly/hdvuC*），其中他們列出了工程師在使用分散式系統（distributed systems）時常會做出的假設。他們指出，儘管這些假設在更原始的網路工作架構或理論模型中可能是真實的，但在現代網路中並不成立：

- 網路是可靠（reliable）的

- 延遲（latency）為零

- 頻寬（bandwidth）是無限的

- 網路是安全（secure）的

- 拓樸結構（topology）不會改變

- 有管理者（administrator）存在

- 傳輸成本（transport cost）為零

- 網路是同質化（homogeneous）的

Peter 和團隊表示，這些謬誤「從長遠來看都被證明是不成立的，都會造成大麻煩和痛苦的學習體驗」。工程師不能單純忽視這些問題，他們必須明確地處理這些問題。

忽視分散式計算的謬誤，後果自行負責！

因為「8 Fallacies of Distributing Computing」是在 90 年代提出的，所以很容易讓人認為它們是計算史的遺蹟。然而，這將是一個錯誤！就像 70 年代和 80 年代推衍出的許多其他的永恆計算法則和模式一樣，即使技術發生了變化，這些問題仍然是相同的。從事架構師工作時，你必須不斷地提醒你的團隊，在這些謬誤中捕捉到的很多網路挑戰在今天仍然存在，你必須據此設計系統！

隨著分散式系統和微服務架構在 2010 年代流行起來，該領域的許多創新者，如 James Lewis、Sam Newman 和 Phil Calçado，都意識到建立這種系統的重要性：系統以標準網路堆疊提供的功能為基礎，承認並抵消了這些謬誤。在 Martin Fowler 最初的一套「Microservice Prerequisites（微服務先決條件）」之基礎上，Phil 建立了「Calçado Microservices Prerequisites」，並將「標準化的 RPC」作為一個關鍵的先決條件，囊括了他從分散式運算的謬誤中習得的許多實際教訓。在他後來的 2017 年部落格貼文中，Phil

表示：「雖然幾十年前開發的 TCP/IP 協定堆疊和通用網路模型，仍然是讓電腦相互交談的有力工具，但更精密的（基於微服務的）架構引入了另一層需求，而在這種架構中工作的工程師同樣必須滿足這些需求」[5]。

實作模式

儘管今天最廣泛部署的服務網格之實作運用了基於代理的「sidecar」部署模式，但情況並非總是如此；而且在未來也可能不是這樣。在本章的這一部分，你將了解到服務網格的實作模式到目前為止是如何演變的，並探索未來可能出現的情況。

程式庫

儘管許多技術負責人意識到在基於微服務的系統中需要新的一層的網路功能，但他們明白實作這些技術並不容易。他們也知道，有大量的努力在組織內部和組織之間都會重複。這導致了以微服務為中心的網路框架和共享程式庫（shared libraries）的出現，這些框架和共享程式庫可以一次建成並重複使用，首先是在一個組織內，然後開源供更多人使用。

在他的上述的部落格貼文中，Phil Calçado 評論說，即使是核心的網路功能，如服務探索和斷路，也很難正確實作。這產生了像 Twitter 的 Finagle 和 Netflix OSS 堆疊這樣複雜的大型程式庫。這些都成為非常流行的手段，以避免在每個服務中改寫相同的邏輯，同時也作為一種計畫，將共同的努力集中在確保正確性上。一些較小型的組織自己承擔了編寫所需網路程式庫和工具的工作，但成本通常很高，特別是長期來說。有時，這種成本是明確、清晰可見的；舉例來說，配置給專門負責建立工具的團隊的工程師人事成本。但更多的時候，真正的費用是難以完全量化的，因為它可能表現為新開發人員學習專有解決方案的時間、營運維護所需的資源，或以其他形式分散了應該用在主要產品上的時間和精力。

Phil 還觀察到，透過語言繫結（language bindings）或 SDK 對外開放功能的程式庫之使用，限制了你可以為你微服務採用的工具、執行環境和語言。微服務的程式庫通常是為特定平台編寫的，無論是程式語言還是像 JVM 這樣的執行環境。如果你使用的平台不是程式庫所支援的，你很可能需要將程式碼移植到新的平台本身，你的成本會隨著語言的數量而增加。

---

5 你可以透過這些網站更加了解 Fowler 的「Microservice Prerequisites」（*https://oreil.ly/GlYvp*）、「Calçado's Microservices Prerequisites」（*https://oreil.ly/d4lEh*）和 Phil 的部落格「Pattern: Service Mesh」（*https://oreil.ly/h45Te*）。

服務網格程式庫和多語言的代價

許多組織接受多語言的做法（polyglot approach）來編寫應用程式，並用了各式各樣的語言，為一項服務挑選最合適的語言，以滿足需求。舉例來說，用 Java 來實作長時間運行的業務服務；用 Go 來實作基礎設施服務；用 Python 來實作資料科學工作。如果你接受基於程式庫的做法來實作服務網格，就必須意識到，你將不得不同步建置、維護和升級所有的程式庫，以避免相容性問題或為某些語言提供次優的開發者體驗。你也可能會發現不同語言平台的實作之間的細微差別，或者只影響特定執行環境的錯誤。

Sidecar

在 2010 年代早期，許多工程師正在接受多語言程式設計的做法，一個組織擁有以多種語言編寫的服務並被部署到生產中的情況並不罕見。編寫或維護一個程式庫來處理所有必要網路抽象層的願望，促使了作為獨立的行程在服務外部運行的程式庫之創建。微服務「sidecar（副載具）」就此誕生。2013 年，Airbnb 寫了一篇關於「Synapse and Nerve」的文章，它是一個服務探索 sidecar 的開源實作。一年後，Netflix 推出了 Prana，一個為非 JVM 應用程式提供 HTTP 介面的 sidecar，以便與 Netflix OSS 生態系統的其他部分整合，用於服務探索、斷路等工作。這裡的核心概念是，一個服務並不直接連線到其下游的依存關係，而是所有的訊務都通過 Prana sidecar，透明地添加所需的網路抽象層和功能。

隨著微服務架構風格的使用增加，我們看到了新一波的代理（proxies）興起，它們足夠靈活，可以適應不同的基礎設施元件和通訊需求。這個領域第一個廣為人知的系統是 Linkerd，由 Buoyant 所創建，基於其在 Twitter 微服務平台上的工程經驗。不久之後，Lyft 的工程團隊宣佈了 Envoy Proxy，它遵循類似的原則，並很快被 Google 在其 Istio 服務網格中採用。使用 sidecar 模式時，你的每個服務都會有一個配套的代理行程（proxy process），在你應用程式旁獨立運行。這個 sidecar 通常共享相同的行程、檔案和網路命名空間，並提供特定的安全保證（例如，任何與「本地」網路的通訊都與外部網路隔離）。考慮到服務之間只透過 sidecar proxy 進行通訊，我們最終得到的部署模式類似於圖 4-6 中所示。

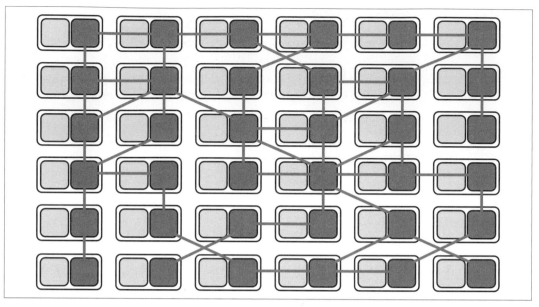

圖 4-6。服務網格代理形成更高階的網路抽象層

正如 Phil Calçado 和 Buoyant 的 William Morgan 等人所指出的那樣，這種 sidecar 代理的整合最有力的面向是，它使你不再把代理看作是孤立的元件，而是承認它們構成的網路本身就是有價值的東西。

在 2010 年中期，企業組織開始將他們的微服務部署轉移到更複雜的執行環境，如 Apache Mesos（配合 Marathon）、Docker Swarm 和 Kubernetes，而企業開始使用這些平台提供的工具來實作服務網格。這導致了從使用一組獨立的代理，如我們看到的「Synapse and Nerve」那樣，轉向使用一個中央控制平面。如果你用從上而下的觀點來看這種部署模式，你可以看到服務訊務仍然直接從代理流向代理，但控制平面認識並可以影響每個代理實體。如圖 4-7 所示，控制平面使代理能夠實作諸如存取控制和指標收集等需要跨服務合作和協調的功能。

基於 sidecar 的做法是目前最常用的模式，對我們的會議系統來說很有可能是一個不錯的選擇。部署基於 sidecar 的服務網格之主要成本與初始安裝和持續的營運維護有關，也與運行所有 sidecar 所需的資源有關；由於我們目前對規模可擴充性（scalability）的需求不大，我們不應該需要大量的計算能力來運行 sidecar 代理。

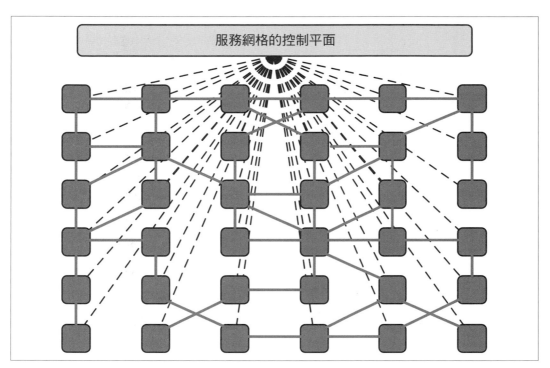

圖 4-7　控制並協調服務網格的資料平面

大規模營運 Sidecar 的成本

當今許多流行的服務網格解決方案，都要求你為叢集中運行的每一個服務或應用程式添加並執行一個 proxy sidecar 容器，如 Envoy、Linkerd-proxy 或 NGINX。即使在一個相對較小型的環境中，比如說有 20 個服務，每個服務跨越三個節點執行五個容器艙（pods），你也會有 100 個代理容器在運行。無論代理的實作多麼小型和有效率，代理的重複都會影響可用資源。

取決於服務網格的組態，每個代理使用的記憶體量可能會隨著它需要能與之通訊的服務數量而增加。Pranay Singhal（*https://oreil.ly/khfYY*）寫下了他配置 Istio 的經驗，將每個代理的消耗量從 1 GB 左右減少到更合理的 60 到 70 MB。然而，即使是在三個節點上有 100 個代理的小型假想環境中，這種最佳化配置仍然需要每個節點大約 2 GB。

無代理的 gRPC 程式庫

在看似讓我們繞了一整圈的一次演化中，Google Cloud 在 2021 年初開始推廣「proxyless gPRC」（*https://oreil.ly/ZzbYw*），其中網路抽象層再次被移回一個針對特定語言的程式庫（儘管是一個由 Google 和一個大型 OSS 社群所維護的程式庫）。這些 gRPC 程式庫被包含在每個服務中，並作為服務網格中的資料平面。這些程式庫需要存取外部控制平面以進行協調，例如 Google Traffic Director 服務。Traffic Director 使用開源的「xDS API」直接在應用程式中配置 gRPC 程式庫[6]。這些 gRPC 應用程式作為 xDS 客戶端，連線到 Traffic Director 的全域控制平面，實現全域路由、負載平衡以及服務網格和負載平衡用例的區域故障切換。如圖 4-8 所示，Traffic Director 甚至支援「混合（hybrid）」運作模式，包含同時納入基於 sidecar 代理的服務和無代理服務的部署。

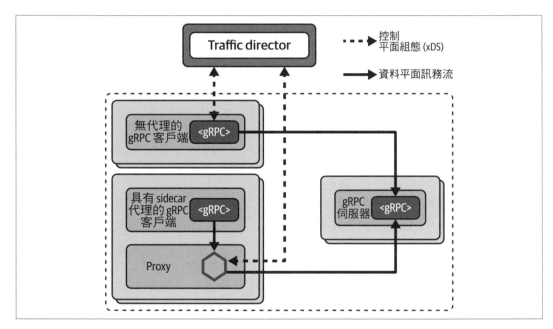

圖 4-8　同時使用 sidecar 和無代理通訊的服務之範例網路圖

由於我們的會議系統除了使用 gRPC API 之外，還使用 REST API，因此目前將排除這種服務網格實作的選擇。如果我們對 REST API 的內部使用被取消，或者 gRPC 程式庫被增強以支援基於非 gRPC 的通訊，那麼這種做法就可以被重新評估。

6　你可以透過 Traffic Director（*https://oreil.ly/vao6J*）和 Envoy Proxy 啟發的 xDS 協定（*https://oreil.ly/rOo5t*）的說明文件網站了解更多資訊。

服務網格的未來是無代理的嗎？

正如流行的陳腔濫調所言，雖然歷史不會重演，但往往會押韻。無代理（proxyless）的做法的許多好處和限制與使用特定語言程式庫相似。Google Cloud 團隊舉出以下用例作為服務的無代理部署可能帶來好處的例子：

- 大規模服務網格中的資源效率：透過不運行額外的 sidecar 行程來節省資源
- 高效能的 gRPC 應用程式：減少網路跳轉數（hops）和延遲
- 將服務網格用於不能部署 sidecar 代理的環境：例如，不能執行第二個行程，或者 sidecar 不能操縱所需的網路堆疊
- 從有代理的服務網格遷移到沒有代理的網格

Sidecarless（無 sidecar）：作業系統核心（eBPF）實作

另一種新興的服務網格替代實作之基礎是，將所需的網路抽象層推回到作業系統（operation system，OS）核心（kernel）本身。這已經成為可能，這要歸功於 eBPF（*https://ebpf.io*）的興起和廣泛採用，這是一種允許自訂程式在核心內以沙箱形式（sandboxed）執行的核心技術。eBPF 程式會為了回應作業系統層級事件（OS-level events）而執行，其中有成千上萬的事件可以接附。這些事件包括進入或退出核心或使用者空間中的任何函式，或「追蹤點（trace points）」和「探測點（probe points）」，以及對服務網格來說很重要的：網路封包的到來。由於每個節點只有一個核心，在一個節點上運行的所有容器和行程都共享同一個核心。如果你新增一個 eBPF 程式到核心中的一個事件，它將被觸發，無論是哪個行程引起該事件、無論它是在一個應用程式容器中運行還是直接在主機上執行。這應該可以消除繞過服務網格的任何潛在嘗試，無論是意外與否。

基於 eBPF 的 Cilium 專案提供了保障和觀察容器工作負載之間網路連線的能力。Cilium 將這種「無 sidecar（sidecarless）」模式帶到了服務網格的世界中。使用 Cilium 可以減少服務呼叫之間的延遲，因為一些功能可以由核心提供，而不需要進行網路跳轉到一個 sidecar 代理[7]。除了傳統的 sidecar 模型，Cilium 還支援使用每個節點單一個 Envoy Proxy 實體的方式來執行服務網格資料平面，以減少資源的用量。圖 4-9 顯示了兩個服務如何使用 Cilium 和每個節點單一個 Envoy Proxy 的方式進行通訊。

---

[7] 你可以在「How eBPF will solve Service Mesh——Goodbye Sidecars」（*https://oreil.ly/2uxSR*）中了解更多資訊。

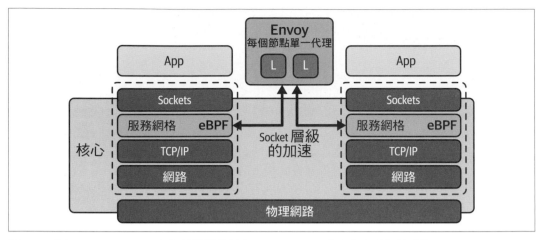

圖 4-9　使用 Cilium、eBPF 和每個節點的單個 Envoy Proxy 來實作服務網格功能

服務網格分類法

表 4-4 強調了前一節所討論的三種服務網格實作方式之間的差異。

表 4-4　基於程式庫、代理和 OS 核心的服務網格之比較

用例	基於程式庫的 （和「proxyless」）	Sidecars， 基於 Proxy 的	基於 OS/kernel 的
語言和平台的支援	單語言程式庫、獨立於平台	獨立於語言，廣泛的平台支援	獨立於語言，OS 層級的支援
執行機制	包裝成套件，在應用程式內執行	在個別行程與應用程式一起執行	作為 OS 核心的一部分執行，有使用者和核心空間的完整存取權
升級服務網格元件	需要重新建置和重新部署整個應用程式	需要重新部署 sidecar 元件（通常可以是零停機時間）	需要核心程式更新或修補
可觀察性	對應用程式和訊務的全面了解，並能輕易傳播背景資訊	只能洞察訊務，背景資訊的傳播需要語言支援或銜接程式（shim）	只能洞察訊務，傳播背景資訊需要語言支援或銜接程式
安全威脅模型	程式庫程式碼作為應用程式的一部分執行	sidecar 通常與應用程式共享行程和網路命名空間	應用程式透過系統呼叫（syscalls）與 OS 直接互動

案例研究：使用服務網格來實作路由、可觀察性和安全性

在本章的這一部分，你將探索幾個具體的例子，了解如何使用服務網格來實作你服務間訊務共通的需求：路由、可觀察性和安全分區（透過授權）。所有的這些例子都將使用 Kubernetes，因為這是部署服務網格最常見的平台，但所展示的概念適用於每個服務網格所支援的所有平台和基礎設施。儘管我們建議在你應用程式的技術堆疊中只挑選並採用一種服務網格的實作，但我們將演示使用三種不同服務網格的會議系統的配置，這純粹是出於教育目的。

使用 Istio 進行繞送

Istio 可以透過 istioctl 工具（*https://oreil.ly/8NyoV*）安裝到你的 Kubernetes 叢集中。使用 Istio 的主要先決條件是啟用（enabling）自動注入 proxy sidecars 到叢集內運行的所有服務。這可以透過以下方式完成：

```
$ kubectl label namespace default istio-injection=enabled
```

在配置了自動注入（auto-injection）後，你要處理的兩個主要的 Custom Resources（自訂資源）是 VirtualServices（虛擬服務）和 DestinationRules（目的地規則）[8]。一個 VirtualService 定義了一組訊務路由規則，在主機定址之後套用，例如 *http://sessions*。一個 DestinationRule 定義繞送之後，要套用到針對服務的訊務之上的政策。這些規則指定了負載平衡的配置、來自 sidecar 的連線集區（connection pool）大小，以及用於偵測和驅逐負載平衡集區中不健康主機的異常檢測設定。

舉例來說，為了在案例研究中實作對你的 Session 和 Attendee 服務的路由，你可以創建以下的 VirtualServices：

```
---
apiVersion: networking.istio.io/v1alpha3
kind: VirtualService
metadata:
  name: sessions
spec:
  hosts:
  - sessions
  http:
  - route:
```

---

[8] 你可以透過 Istio 的說明文件更加了解 VirtualServices（*https://oreil.ly/L01fC*）和 DestinationRules（*https://oreil.ly/0069e*）。

```
    - destination:
        host: sessions
        subset: v1
---
apiVersion: networking.istio.io/v1alpha3
kind: VirtualService
metadata:
  name: attendees
spec:
  hosts:
  - attendees
  http:
  - route:
    - destination:
        host: attendees
        subset: v1
```

還可以創建以下 DestinationRules。注意到出席者 DestinationRule 是如何指定服務的兩個版本的；這是為服務新的 v2 版本啟用金絲雀路由（canary routing）的基礎：

```
---
apiVersion: networking.istio.io/v1alpha3
kind: DestinationRule
metadata:
  name: sessions
spec:
  host: sessions
  subsets:
  - name: v1
    labels:
        version: v1
---
apiVersion: networking.istio.io/v1alpha3
kind: DestinationRule
metadata:
  name: attendees
spec:
  host: attendees
  subsets:
  - name: v1
    labels:
        version: v1
  - name: v2
    labels:
        version: v2
```

隨著 Istio 的安裝和前面 VirtualServices 和 DestinationRules 的配置，你可以開始在 Attendee 和 Session 服務之間繞送訊務和 API 呼叫。雖然在生產環境中設置和維護 Istio 會比較麻煩，但要開始就是這麼容易。Istio 將處理路由，並產生與每個連線相關的監控數據。讓我們使用 Linkerd 服務網格來更加了解可觀察性。

藉由 Linkerd 觀察訊務情況

你可以按照「Getting Started」的說明（*https://oreil.ly/dfnZ8*）將 Linkerd 安裝到 Kubernetes 叢集中。Linkerd 的遙測（telemetry）和監控（monitoring）功能是自動啟用的，不需要你對預設安裝進行任何組態變更。這些可觀察性功能包括：

- 記錄 HTTP、HTTP/2 和 gRPC 訊務的主要（「黃金」）指標（請求量、成功率和延遲分佈）。

- 記錄其他 TCP 訊務的 TCP 層級指標（輸入 / 輸出的位元組數等）

- 按服務、按成對的呼叫者和被呼叫者、或按路由或路徑（使用 Service Profile）回報指標

- 產生拓撲圖（topology graphs），顯示服務之間的執行時期關係（runtime relationship）

- 實時的、視需要的請求採樣（request sampling）

你可以透過幾種方式消耗這些資料：

- 透過 Linkerd CLI，例如使用 linkerd viz stat 和 linkerd viz routes

- 透過 Linkerd 儀表板和預建的 Grafana 儀表板

- 直接從 Linkerd 內建的 Prometheus 實體中獲取

要取用 Linkerd 的可觀察性功能，你只需安裝 viz 擴充功能並使用本地瀏覽器開啟儀表板（dashboard）：

```
linkerd viz install | kubectl apply -f -
linkerd viz dashboard
```

這提供了對顯示訊務的服務圖（service graphs）的存取。在圖 4-10 中，你可以看到訊務從 Webapp 流向 book 和 authors 服務。

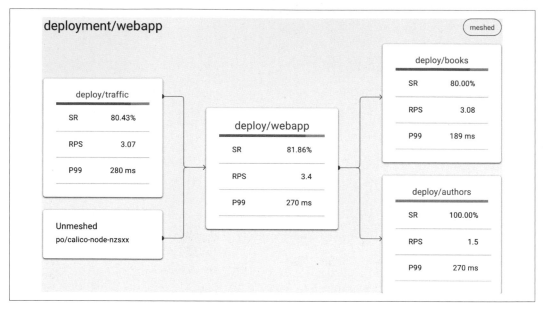

圖 4-10　使用 Linkerd viz 來觀察服務之間的訊務

你也可以使用預先建置的 Grafana 儀表板查看主要訊務指標（top-line traffic metrics），如圖 4-11 所示。

在開發和生產過程中，使用服務網格為你的應用程式提供可觀察性是非常有用的。儘管你應該總是自動檢測生產環境中無效的服務對服務訊務，但你也可以使用這種服務網格的可觀察性工具，來識別內部 API 或服務被錯誤呼叫的情況。現在讓我們來探討一下，使用政策（policy）來指定到底哪些服務可以在服務網格中使用 HashiCorp 的 Consul 相互通訊。

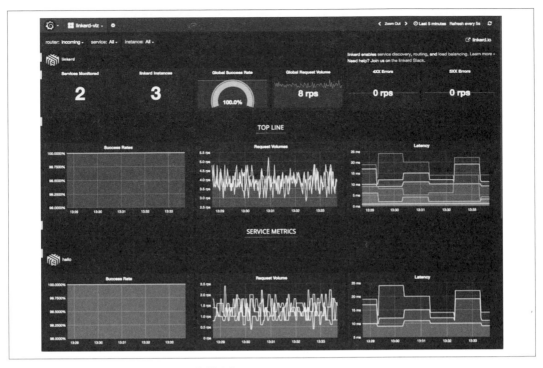

圖 4-11　查看 Linkerd viz Grafana 的儀表板

使用 Consul 劃分網路區段

你可以按照「Getting Started with Consul Service Mesh for Kubernetes」指南（*https://oreil.ly/RbMcy*），在 Kubernetes 叢集中安裝和配置 Consul 作為一個服務網格。在微服務出現之前，服務內通訊的授權（authorization）主要是透過防火牆規則（firewall rules）和路由表（routing tables）來執行的。Consul 藉由意圖（intentions）簡化了服務內授權的管理，讓你能根據服務名稱（service name）定義服務間的通訊權限。

「意圖」控制哪些服務可以相互通訊，並由 sidecar 代理在入站連線中強制執行。入站服務的身分由其 TLS 客戶端憑證（TLS client certificate）來驗證，Consul 為每個服務提供一個編碼為 TLS 憑證的身分識別（identity）。該憑證用來建立和接受與其他服務的連線[9]。然後，sidecar 代理檢查是否存在授權入站服務與目標服務進行通訊的「意圖」。如果入站服務沒有被授權，連線將被終止。

9　身分識別（identity）被編碼在 TLS 憑證中，符合 SPIFFE X.509 Identity Document 的規範，這使得
　　Connect 服務能夠建立和接受與其他 SPIFFE 相容系統的連線。

一個意圖有四個部分：

Source service（來源服務）

指定發起通訊的服務。它可以是一個服務的全名，也可以是指涉所有服務的「＊」。

Destination service（目標服務）

指定接收通訊的服務。這將是你在服務定義中設定的「上游（upstream）」（服務）。它可以是一個服務的全名，也可以用「＊」來指涉所有服務。

Permission（權限）

定義來源和目的地之間的通訊是否被允許。這可以被設定為允許（allow）或拒絕（deny）。

Description（描述）

選擇性的詮釋資料欄位（metadata field），用來將一個描述與一個意圖聯繫起來。

你將創建的第一個意圖會把「allow all」政策，即所有訊務都被允許，除非在特定規則中被拒絕，改為「deny all」政策，即所有訊務都被拒絕，只有特定連線被啟用：

```yaml
apiVersion: consul.hashicorp.com/v1alpha1
kind: ServiceIntentions
metadata:
  name: deny-all
spec:
  destination:
    name: '*'
  sources:
    - name: '*'
      action: deny
```

透過在 destination 欄位中指定萬用字元（wildcard character，即「＊」），該意圖將阻止所有服務間的通訊。一旦你將預設政策定義為 deny all，就可以透過為每個所需的服務互動定義 ServiceIntentions CRD，來授權會議系統傳統服務、Attendee 服務和 Session 服務之間的通訊。例如：

```yaml
---
apiVersion: consul.hashicorp.com/v1alpha1
kind: ServiceIntentions
metadata:
```

```yaml
  name: legacy-app-to-attendee
spec:
  destination:
    name: attendee
  sources:
    - name: legacy-conf-app
      action: allow
---
apiVersion: consul.hashicorp.com/v1alpha1
kind: ServiceIntentions
metadata:
  name: legacy-app-to-sessions
spec:
  destination:
    name: sessions
  sources:
    - name: legacy-conf-app
      action: allow
---
apiVersion: consul.hashicorp.com/v1alpha1
kind: ServiceIntentions
metadata:
  name: attendee-to-sessions
spec:
  destination:
    name: sessions
  sources:
    - name: attendee
      action: allow
---
apiVersion: consul.hashicorp.com/v1alpha1
kind: ServiceIntentions
metadata:
  name: sessions-to-attendee
spec:
  destination:
    name: attendee
  sources:
    - name: sessions
      action: allow
```

將這個組態套用到 Kubernetes 叢集，將使這些互動（而且只限這些服務間的互動）視需要進行處理。任何其他互動將被阻止，API 呼叫或請求將被丟棄。

除了 Consul 的意圖（intentions）之外，Open Policy Agent（OPA）專案也是在服務網格中實作類似功能的一種熱門選擇。你可以在「OPA Tutorial documentation」（*https://oreil.ly/I4HsD*）中，找到使用 OPA 在 Istio 內配置服務對服務政策的例子。

現在你已經探索了將在我們發展會議系統時套用的範例組態，讓我們把注意力轉向執行和管理服務網格實作本身。

部署一個服務網格：了解並管理故障情況

無論系統或網路中運行的實體（instances）之部署模式和數量如何，服務網格大多位於許多（若非全部）使用者請求流經系統的關鍵路徑上。叢集或網路中的服務網格實體的故障停機，通常會導致該網路爆炸半徑內的整個系統無法取用。由於這個原因，理解和管理故障的主題是非常重要的，需要學習。

作為單一故障點的服務網格

服務網格通常處於所有訊務的熱門路徑上，這對可靠性和故障切換（failover）來說是一種挑戰。顯然，你在服務網格中依存的功能越多，涉及的風險就越大，故障的衝擊也越大。由於服務網格經常被用來協調（orchestrate）應用程式服務的發佈，組態配置也會持續被更新。能夠檢測和解決問題並減輕任何風險是至關重要的。第 79 頁的「作為單一故障點的 API 閘道」中討論的許多要點，都可以應用在理解和管理服務網格的故障。

常見的服務網格實作挑戰

由於服務網格技術與 API 閘道技術相比之下比較新，一些常見的實作挑戰還沒有被發現和廣泛分享。然而，有核心的一套反模式需要避免。

服務網格作為 ESB

隨著服務網格外掛（service mesh plug-ins）或訊務過濾器（traffic filters）的出現，以及 Web Assembly（Wasm）等支援技術的出現，人們越來越傾向於將服務網格視為提供類似 ESB 的功能，如承載變換（payload transformation）和轉譯。基於本書中已經討論過的所有原因，我們強烈反對增加業務功能或將太多的「智慧（smarts）」與平台或基礎設施耦合。

服務網格作為閘道

由於許多服務網格的實作都提供某種形式的入口閘道（ingress gateway），我們看到一些希望採用 API 閘道的組織，選擇部署服務網格，卻只使用閘道的功能。這種動機是合理的，因為組織中的工程師意識到他們很快就會想採用類似服務網格的功能，但他們最大的痛點是管理入口訊務。然而，與成熟的 API 閘道相比，大多數服務網格閘道所提供的功能並不那麼豐富。你也很可能會遇到運行服務網格的安裝和營運成本，但卻沒有得到任何好處。

太多網路分層

我們看到一些組織提供了豐富的一組網路抽象層和功能，可以滿足當前服務間通訊的需求，但開發團隊要麼不知道這些，要麼因為某些原因拒絕採用。當開發團隊試圖在現有的網路技術上實作服務網格時，出現了更多的問題，如不相容性（例如，現有的網路技術剝除了標頭資訊）、延遲增加（由於多個代理挑轉），或功能在網路堆疊中被多次實作（例如在服務網格和低階網路堆疊中都出現了斷路功能）。為此，我們總是建議所有參與的團隊都在服務網格解決方案上進行協調與合作。

挑選一個服務網格

現在你已經學到了服務網格所提供的功能、模式和技術的演變，以及服務網格如何融入整個系統架構，接下來是一個關鍵問題：你如何挑選服務網格，將其納入你應用程式的技術堆疊？

識別需求

正如在討論如何挑選 API 閘道時那樣，任何新的基礎設施專案最重要的步驟都是找出相關的需求。這看起來可能很明顯，但我相信你可以回憶起你被閃亮的技術、神奇的行銷手法或良好的銷售文件分散注意力的時候！

你可以回顧一下本章第 96 頁的「為什麼要使用服務網格？」一節，更詳細探討你在選擇服務網格過程中應該考慮的高階需求。重點在於，提出的問題既要關注當前的痛點，也要關注你未來的發展路線圖。

建造 vs. 購買

與 API 閘道「建造 vs. 購買」的決策相比，與服務網格的相關討論不太可能在前期進行，特別是對於那些擁有傳統或遺留系統的組織。這可以部分歸因於服務網格是相對較新的一類技術。根據我們的經驗，在大多數有點分散式的老式系統中（例如，程度超過 LAMP 堆疊的那種），服務網格的部分實作將散佈在整個組織中；舉例來說，有些部門使用語言專屬的程式庫，其他部門使用 ESB，而有些部門則使用簡單的 API 閘道或簡單的代理來管理內部訊務。

一般來說，如果你決定採用服務網格模式，我們認為，通常最好是採用開源實作或商業解決方案並使其標準化，而非自行建造。介紹軟體交付技術的「建造 vs. 購買」案例可能需要一整本書，因此在本節中我們只想強調一些常見的挑戰：

低估所有權的總成本（*TCO*）

　　許多工程師不考慮解決方案的工程成本、持續的維護成本和長期的營運成本。

沒有考慮到機會成本（*opportunity cost*）

　　除非你是雲端計算或平台供應商，否則自製的服務網格不太可能為你提供競爭優勢。取而代之，你可以透過建立與你核心價值主張相一致的功能，為你的客戶提供更多價值。

營運成本（*operational costs*）

　　不了解維護多個解決相同問題的不同實作方案的入門和營運成本。

對技術解決方案的認識

　　開放源碼和商業平台元件領域的發展速度都很快，要追上最新的進展可能是一大挑戰。然而，保持警覺並獲取資訊，是作為技術領導者的核心成分。

檢查表：挑選一個服務網格

表 4-5 中的檢查表（checklist）強調了你和你團隊在決定是否實作服務網格模式，以及選擇相關技術時應該考慮的關鍵決策。

表 4-5　ADR 指導方針：挑選服務網格的檢查表

決策	我們應該如何為我們的組織選擇一個服務網格？
討論重點	我們是否識別出了與挑選服務網格相關的所有需求並排出了其優先順序？ 我們是否找出了當前在組織內這一領域已經部署的技術解決方案？ 我們是否了解我們所有團隊和組織上的限制？ 我們是否探索了與這一決定有關的未來路線圖？ 我們是否誠實地計算出了「建造 vs. 購買」的成本？ 我們是否探索了當前的技術環境，並了解所有可用的解決方案？ 我們是否在分析和決策中諮詢，並告知所有相關的利害關係者？
建議	特別專注在你的需求上，以減少內部 API 和系統的耦合、簡化使用方式、保護 API 不被過度使用和濫用、了解 API 是如何被使用的，並將 API 作為產品來管理。 要問的關鍵問題包括：是否有正在使用的現有服務網格？是否已經組合了一些技術來提供類似的功能；舉例來說，開發人員是否已經創建了服務對服務的通訊程式庫，或者平台和 SRE 團隊是否已經部署了 sidecar 代理？ 關注你團隊內的技術水平，是否有人員從事服務網格專案，以及可用的資源和預算等。 很重要的是，要識別出所有可能影響內部訊務管理和服務網格提供的其他功能的計畫變更、新功能和當前目標。 計算所有當前服務網格實作和潛在的未來解決方案的所有權總成本（total cost of ownership，TCO）。 諮詢知名分析師、趨勢報告和產品評論，以了解目前所有的解決方案。 選擇和部署服務網格將影響許多團隊和個人。一定要與開發團隊、QA、架構審查委員會、平台團隊、InfoSec 等進行協商。

總結

在本章中，你已經了解了什麼是服務網格，並探討了採用這種模式和相關技術所帶來的功能、好處和挑戰：

- 基本上，「服務網格（service mesh）」是一種模式，用來管理分散式軟體系統中服務與服務之間的所有通訊。

- 在網路層面上，服務網格代理（service mesh proxy）作為一個全權代理伺服器，接受來自其他服務的所有入站訊務（inbound traffic），同時也發起朝向其他服務的所有出站請求（outbound requests）。

- 一個服務網格被部署在內部網路或叢集中。大型系統或網路通常是透過部署幾個服務網格的實體（instances）來管理的，通常每個單一網格會跨越一個網路區段或業務領域。

- 一個服務網格可以在網路非軍事區（demilitarized zone，DMZ）內對外開放端點，或公開給外部系統，或其他的網路或叢集，但這經常透過使用一個「入口」、「終端」或「過渡」閘道來實作。

- 對於你的每個或所有內部服務，有許多與 API 相關的跨領域考量，包括：產品生命週期管理（增量發佈服務的新版本）、可靠性、支援多語言通訊、可觀察性、安全性、可維護性和可擴充性。服務網格可以幫忙解決所有的這些問題。

- 服務網格可以使用語言專屬的程式庫、sidecar 代理、無代理（proxyless）的通訊框架（gRPC）或基於 OS 核心的技術（如 eBPF）來實作。

- 服務網格中最脆弱的部分通常是控制平面（control plane）。它必須是安全的、受到監控的，並作為擁有高度可用性的服務運行。

- 服務網格的用法反模式（usage antipatterns）包括：服務網格作為 ESB、服務網格作為閘道，以及使用太多的網路分層。

- 選擇實作一個服務網格，並挑選技術來實作，是 Type 1 決策。必須進行研究、需求分析和適當的設計。

- 如果你已經決定採用服務網格模式，我們認為，通常最好是採用開源實作或商業解決方案並使之標準化，而非自行建造。

無論你決定採用哪種服務網格，都必須考慮外部和內部的營運以及 API 的安全性。這也是本書下一部分的重點。

第三部分

API 的營運與安全性

在這一部分中,你將探討營運和防護 API 驅動的系統所面臨的挑戰。

第 5 章涵蓋使用 API 生命週期(API lifecycle)部署和發佈 API。我們也會探討可觀察性主題,以及帶有主張的平台(opinionated platforms)如何協助減少分散式架構的問題。

第 6 章探討 API 的威脅建模(threat modeling),以及如何像試圖對你 API 採取惡意行動的人那樣思考。

第 7 章探討使用認證(authentication)和授權(authorization)來保護 API 的安全。

第五章

部署和發佈 API

在這一章中，我們將開始學習如何從「設計、建置、測試」移動到在目標環境中執行。

考慮一下我們在「導論」中介紹的會議系統案例研究：我們有單一個使用者介面和伺服器端的應用程式。部署對伺服器或使用者介面的升級可能意味著會有一些停機時間。部署（deployment）和發佈（release）的動作很可能是緊密耦合的，有可能是不可分割的。如果部署出現問題，也可能需要時間來復原（roll back）變更。我們將探討傳統會議系統（legacy conference system）的一些選項，此外還將研究使用者介面和伺服器元件之間更鬆散的耦合，如何為部署和發佈提供更多的選擇。

訊務管理（traffic management）的引入為你提供了分離部署和發佈的選擇。在本章中，我們將更詳細地探討這個問題，並看看會議系統中可用於變更推行（rolling out changes）的選項。你還需要考慮 API 的版本控制（versioning）將如何影響會議系統中為發佈建立模型（modeling releases）的選項。

推行（rollout）的一個關鍵考慮因素是了解一個變更的成功與否。API 架構在本質上是解耦（decoupled）的，確保有正確的指標（metrics）、日誌記錄（logs）和追蹤資訊（traces）可用，對於執行成功的發佈非常重要。我們將看看對於指標要考慮哪些因素，以及它們如何幫助發佈和事故管理（incident management）和疑難排解。

最後，我們將談談最終的一致性（eventual consistency）是如何影響變更的，以及在應用程式層面上可能出現的問題。引進額外的基礎設施層，如代理，需要做出關於快取（caching）和標頭傳播（header propagation）的決定。我們將探討這些考量，以及為什麼你會選擇一個有主張的平台（opinionated platform）。

將部署和發佈分開

很重要的是，你必須了解部署（deployment）和發佈（release）之間的區別，以便從本章中獲得最多的收穫。部署涉及到將一個功能一路帶進生產環境中，因為現在你在系統中擁有一個持續運行的行程。雖然已經部署，但新的功能並不活躍，也尚未透過與生產系統的互動而被執行。有不同的方式來達成這種分離，你很快就會探索那些方式。發佈涉及到以一種受控的方式啟動新功能，讓你能夠控制引進新功能的風險。Thoughtworks Technology Radar 對部署和發佈之間的差異有很好的解釋：

> 實作 *Continuous Delivery*（持續交付）對許多組織來說仍然是一個挑戰，強調部署與發佈之解耦（*decoupling*）等有用的技巧仍然很重要。我們建議在提及「部署應用程式元件或基礎設施之變更」這種行為時，嚴格使用「*Deployment*（部署）」這個術語。當一項功能變更（*feature change*）被發佈給終端使用者，並產生商業影響時，則應使用「*Release*（發佈）」一詞。使用諸如功能切換（*feature toggles*）和暗啟動（*dark launches*）的技巧，我們可以更頻繁地將變更部署到生產系統中，而不發佈功能。更頻繁的部署降低了與變化有關的風險，同時業務利害關係者也保留了控制何時向終端使用者發佈功能的權利。
>
> —Thoughtworks Technology Radar 2016

朝向基於 API 的架構發展的一個好處是，解耦的本質使團隊能夠快速發佈變化。為了實現這一優勢，必須考量「確保系統之間的耦合度保持在較低水平，並將發佈導致失敗的風險降至最低」的機制。

 我們已經看到一些團隊轉向了基於 API 的架構，而沒有把部署和發佈分開。這對高度耦合的服務來說是可行的，但如果必須在許多團隊之間協調發佈，就會很快給多個服務帶來壓力和停機時間。我們將在本章進一步探討如何使用 API 版本控制和生命週期來幫忙防止這種情況。

案例研究：功能旗標

為了有效考慮如何分離部署和發佈，我們將以傳統會議系統的案例研究作為起點。這是一個很好的開始，因為這能讓我們很好地建立演化式架構的模型，而目前為止在書中呈現的新基礎設施之變化速度也能在其中加以控制。圖 5-1 顯示了傳統的出席者（attendees）系統和資料庫將如何與基於 API 的現代化服務並存。透過功能旗標的使用，控制器現在可以在程式碼層面上決定是否針對內部或外部的 API 服務執行查詢。

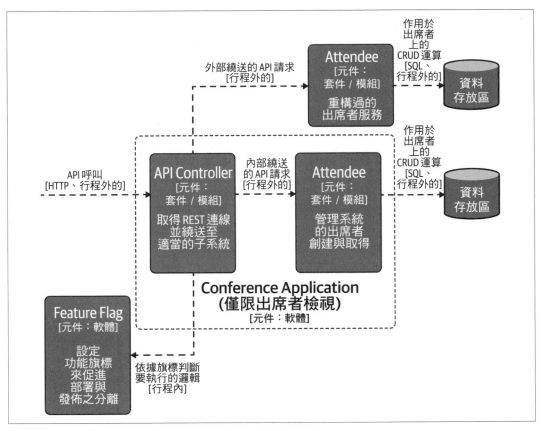

圖 5-1　出席者和功能旗標的會議應用程式容器圖

功能旗標通常託管在運行中應用程式之外的組態存放區（configuration store）中，並允許程式碼在功能關閉的情況下部署。一旦團隊（或產品所有人）準備好啟用該功能，他們可以切換以打開該功能，這將導致應用程式執行一個不同的程式碼分支。這裡的精細度（granularity）可以是根據每個使用者（per-user）進行，也可以是更粗略的，如單純在全域範圍內啟用一個特定的選項。下面是流行的 Java 功能旗標工具 LaunchDarkly 的虛擬程式碼範例，使用者的詳細資訊在現代存放區（modern store）中：

```
LDUser user = new LDUser("jim@masteringapi.com");
boolean newAttendeesService =
    launchDarklyClient.boolVariation("user.enabled.modern", user, false);
if (newAttendeesService) {
  // 從現代存放區取回出席者
```

```
  }
  else {
    // 從傳統存放區（legacy store）取回出席者
  }
```

根據這種做法，你可以將一小批使用者遷移到新系統，並測試功能對於這批使用者是否能夠持續正確運作。如果在遷移過程中出現任何問題，可以單純把開關切換回來，否則就繼續推行，直到達到 100% 的遷移。像其他橫跨應用程式的服務一樣，如果管理不當，功能旗標服務的故障將是災難性的，也是潛在的單一故障點。使用快取中最後的已知值或提供預設值來優雅地降級可以幫助減輕這種影響。

 功能旗標有助於促進程式碼部署和發佈之間的分離。你必須清理功能旗標，並始終以獨特的名稱創建功能旗標。一旦遷移完成，功能旗標程式碼應該被完全刪除。對於因為這個問題而導致功能旗標出錯的例子，你只需要看看 Knight Capital（*https://oreil.ly/WBnE1*），它們重複使用功能旗標以及失敗的部署，最終導致每秒數千美元的損失，最終損失達到 4.6 億美元。

訊務管理

轉向基於 API 的架構的一個好處是，可以快速迭代（iterate）並部署我們 Attendee 服務的新變更。我們還為架構中現代化的部分確立了訊務（traffic）和路由（routing）的概念。這使得我們有可能在兩個地方操縱訊務：在 API 閘道入口處或在服務網格中為訊務塑形（shaping traffic）而定義的構造中。

對於 Kubernetes 和基於服務網格的系統，部署看起來大致有以下步驟：

1. 創建一個應用程式所需修改的 pull request，一旦 pull request 被批准和合併，就自動啟動部署建置。

2. 建置管線（build pipeline）使用 Docker 或 Open Container Initiative 創建一個新的映像（image）。

3. 將新的鏡像推送到容器註冊表（container registry）。

4. 觸發新映像到目標環境中的部署。

預設情況下，Kubernetes 會用一個新的部署來替換正在運行的部署。在本章的後面，我們將研究分階段發佈新的 pod（容器艙）的技巧，以積極分離部署和發佈。一旦部署就位，部署程式碼的工作就完成了，接下來是一套不同的指令，用於運行系統的發佈組態

（release configuration）。組態配置也可以有多個階段，這是我們可以用來設定不同發佈策略（release strategies）的一種機制。在我們深入探討如何結構化訊務管理的發佈之前，值得探討的是，在一個 API 系統中可以有哪些類型的發佈。

案例研究：對會議系統中的發佈進行建模

在第 16 頁的「Semantic Versioning」（semver）中，我們討論了與 API 相關的不同的版本策略。在考慮發佈時，將 semver 中的想法與 API 生命週期結合起來可能會有所幫助。

API 生命週期

API 領域發展迅速，但對版本生命週期最清晰的表述之一來自現已封存的 PayPal API 標準（*https://oreil.ly/QMCKz*）。表 5-1 中介紹了對生命週期進行建模的一種做法。

表 5-1　API 生命週期（改編自 PayPal API 標準）

Planned（規劃）	從技術角度來看，對外開放一個 API 是非常簡單的，但是一旦它被公開並投入生產，你就會有多個 API 消費者需要管理。在規劃階段，你會宣傳你正在建立一個 API，並從消費者那裡蒐集關於 API 的設計和「形狀」的初步回饋意見。這能讓我們對 API 及其範圍進行討論，並考量任何早期的設計決策。
Beta（測試版）	涉及到發佈我們 API 的一個版本，讓使用者開始整合；但是，這通常是為了回饋意見和改進 API 的目的。在此階段中，生產者保留破壞相容性的權利，因為它不是一個有版本控制的 API。這有助於在確定結構之前從消費者那裡快速獲得關於 API 設計的回饋意見。一輪的回饋意見和修改使生產者能夠避免在 API 的生命週期開始時衍生許多主要的版本。
Live（正式版）	該 API 現在已經有了版本控制，並在生產中上線。從這一階段開始的任何變化都是版本的變化。應該只有一個正式上線的 API，它標示著最新的主要／次要版本組合（major/minor version combination）。每當有新的版本發佈，目前上線的 API 就會轉為已棄用的。
Deprecated（已棄用）	當一個 API 被廢棄，它仍然可以使用，但不應該針對它進行重大的新開發。 當一個新 API 的次要版本發佈時，API 將只在短期間內廢棄，直到新 API 在生產環境中的驗證完成。在新版本成功驗證後，一個次要版本會轉為廢棄，因為新版本是回溯相容的，可以處理與之前 API 相同的功能。當 API 的一個主要版本發佈時，舊版本會被廢棄。這可能會持續數週或數月，因為必須給消費者一個機會遷移到新版本。也很有可能會與消費者進行溝通、提供遷移指南，並追蹤棄用 API 的指標和使用情況。
Retired（退役）	該 API 已經從生產中退役，無法再取用。

生命週期有助於消費者充分了解要對 API 的變更抱持何種期待。有了 semantic versioning（語意版本控制）和 API 生命週期的結合，消費者只需要知道 API 的主要版本（major version）。消費者方面不需要更新就可以接收次要（minor）版本和修補（patch）版本，而且不會破壞相容性。透過考慮 API 生命週期和你可以透過訊務管理控制什麼，你就可以開始關注變化的類型，並考慮發佈 API 新版本最合適的方式。

將發佈策略映射至生命週期

主要變更對 API 消費者的衝擊最大。為了使用新版本的軟體，消費者必須主動升級他們與 API 互動的軟體。正如生命週期中所定義的，這意味著我們需要同時運行 API 的正式版本和棄用版本相當長的時間，以讓消費者能夠升級和遷移。這允許消費者對他們何時升級做出明確的選擇。這麼做的一種方式是在 URL 中添加版本：

```
GET /v1/attendees
```

加入版本是很實用的，而且對消費者來說很容易就能看到。然而，它不是資源的一部分，在某些群體中會被認為不是 RESTful。另一種做法是有一個描述主要版本的標頭（header），影響叢集入口處的路由：

```
GET /attendees
Version: v1
```

次要變更沒有主要變更的限制。對於這些類型的變化，可以在不接受生產訊務的情況下部署 API 的一個新次要版本，然後使用發佈策略來引進新版本。這種類型的變化不需要消費者修改任何程式碼。修補變更（patch changes）也遵循類似的模式，因為它們完全不會改變 API 規格的「形狀」。為了使這種透明的發佈成為可能，值得考慮在建置過程中增加額外的控制，以確保不會意外引入破壞性的變更。

在第 17 頁的「OpenAPI Specification 和版本控制」中，我們看了一下如何使用 openapi-diff 來凸顯規格之間的變化。在規格並不回溯相容的情況下，建置應該失敗，並且在經過審慎考慮的覆寫方式不存在的情況下，防止破壞性的變化進入架構中。大多數針對 API 的發佈都是次要變更或修補變更，其中鬆散耦合（loose coupling）對生產者和消費者來說都是主要關注點。

如果消費者和生產者是緊密耦合的，由同一個團隊所擁有，並且總是一起行動，那麼 API 的版本控制和生命週期就不會那麼關鍵。在這種情況下，重要的是考慮一種發佈策略，允許兩個元件一起發佈，並讓訊務在入口處得到控制。通常，blue-green 模型（blue-green models）對這種情況的效果很好，我們將在第 131 頁的「發佈策略」中進一步審視。

ADR 指導方針：藉由訊務管理和功能旗標將發佈與部署分開

在考慮如何創建 ADR 以分離發佈和部署時，表 5-2 中的 ADR 指導方針會很有幫助。

表 5-2　ADR 指導方針：用訊務管理和功能旗標準則分離發佈與部署

決策	你如何分離發佈和部署？
討論重點	在目前上線的現有系統中，是否有可能將部署和發佈分開？
	系統中消費者和生產者之間的耦合程度如何？
	你是否有一個建置管線，有可能強制施加訊務管理 API 的鬆散耦合需求，確保相容性得到測試？
建議	首先，要努力將現有軟體的部署和發佈分開。這將有助於實現一種演化式架構和對現有系統的簡化。
	功能旗標是創造這種分離的好辦法。如果公司之前沒有使用過功能旗標，請務必回顧推薦的實務做法，並避開與旗標相關的陷阱。
	如果沒有謹慎考慮，功能旗標有可能成為單一故障點。審視架構中 API 之間的耦合類型，並判斷出適合這種情況的正確發佈策略。

在下一節中，我們將探討有哪些不同類型的發佈策略可用。

發佈策略

一旦你適當分離部署和發佈，你現在就可以考慮一些機制來控制功能的逐步發佈。挑選一個能讓你在生產中減少風險的發佈策略是很重要的。減少風險是透過用一小部分訊務進行測試或實驗並驗證結果來達成的。結果是成功的時候，就觸發對所有訊務的發佈。某些策略比其他策略更適合特定場景，需要不同程度的額外服務和基礎設施。讓我們來探討一下基於 API 的基礎設施流行的幾個選項。

金絲雀發佈

一個金絲雀發佈（canary release）[1] 引進軟體的一個新版本，並讓一小部分訊務流向金絲雀版本。在圖 5-2 中，Before 階段顯示閘道、1.0 版本的傳統會議服務和 1.0 版本的 Attendee 服務。在傳統會議服務和 Attendee 服務之間有一個訊務分流（traffic split）的概念，這將根據目標平台的不同而變化。在 Deployment 階段，一個新的 v1.1 版本的 Attendee 服務被部署，而在 Release 階段我們可以開始讓一些訊務流向 v1.1 版的服務。

1　以最先進入煤礦的金絲雀命名，以致命的方式找出任何危險氣體的存在。

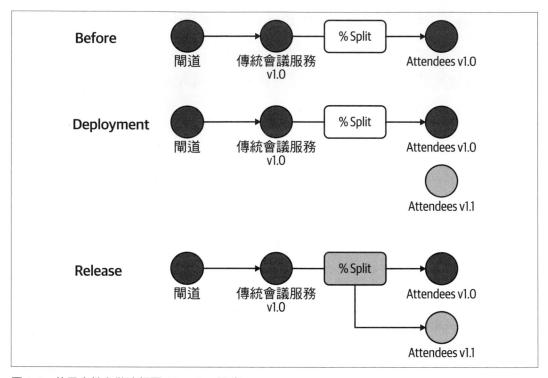

圖 5-2　使用金絲雀做法部署 Attendee 服務

在 Kubernetes 中，可以針對服務引入一個新的 pod（容器艙）來實現訊務分流；你將在第 136 頁的「案例研究：使用 Argo Rollouts 來推行」中進一步探討這個想法。要控制一個小型的百分比是相當困難的，也就是說，如果你想要 1%，你就得運行 99 個 v1 pods 和 1 個 v2 pod。對於大多數情況，這是不切實際的。

在服務網格和 API 閘道中，訊務轉移（traffic shifting）使得訊務從目標服務的一個版本逐漸轉移或遷移至另一個版本成為可能。舉例來說，一個服務的新版本（v1.1）可以和原來的版本（v1.0）一起部署。訊務轉移讓你能夠透過一開始只將一小部分（例如 1%）使用者訊務繞送到 v1.1 版本，然後隨著時間的推移將所有訊務轉移到新的服務上，來進行新服務的金絲雀測試或金絲雀發佈。這能讓你監控新的服務，並尋找技術問題，如延遲或錯誤率的增加，同時也找出業務上的影響，如客戶轉換率或平均購物結帳值等關鍵效能指標的增加。訊務分流讓你能夠在多個版本的服務之間劃分目標服務的訊務來進行 A/B 或多變量測試（multivariate tests）。舉例來說，你可以在目標服務的 v1.0 版和 v1.1 版之間各分一半的訊務，並在特定的時間內看哪一個表現得更好。

由於服務網格參與所有服務對服務的通訊，你可以在你應用程式中的任何服務上實作這些發佈和實驗技巧。舉例來說，你可以金絲雀發佈（canary release）一個新版本的 Session 服務，實作出席者會議日程表的內部快取。你將監控業務 KPI，例如使用者查看他們會議日程表並與之互動的頻率，以及營運的 SLI，如服務中 CPU 用量的減少。

分離部署與發佈：金絲雀化所有的事情

隨著 Progressive Delivery（漸進式交付，*https://oreil.ly/9qVQe*）的興起，以及在此之前 Continuous Delivery（持續交付）的進階需求，擁有分離服務（和相應的 API）之部署和發佈的能力是一種強大的技巧。金絲雀發佈服務或執行 A/B 測試的能力可以為你的業務提供競爭優勢，既可降低不良發佈的風險，也可以更有效地了解客戶的需求。你將在第 9 章中了解更多這方面的知識。

在適當的情況下，金絲雀發佈是很好的選擇，因為對金絲雀開放的訊務比例是高度受控的。取捨在於，系統必須有良好的監控機制，以便快速識別出問題，並在必要時復原（這可以是自動化的）。金絲雀有一個額外的優勢，即只需啟動單一個新實體；在像 blue-green 這樣的策略中，必須要有服務的第二個完整堆疊存在才行。這可以節省成本並省去同時運行兩個環境的營運複雜性。

訊務鏡像

除了使用訊務分流來進行實驗外，你還可以使用訊務鏡像來拷貝或複製訊務，並將其發送到另外的位置或一系列的位置。使用訊務鏡像時，複製的請求之結果通常不會回傳給呼叫端的服務或最終使用者。取而代之，回應的正確性會在其他地方評估，例如比較重構的服務和現有服務所產生的結果，或者在新的服務版本處理請求時觀察一組選定的運作特性，例如回應延遲或所需的 CPU 用量。

使用訊務鏡像能讓你「暗啟動（dark launch）」或「暗發佈（dark release）」服務，其中使用者如同身處黑暗一樣，對新版本一無所知，但你能在內部觀察所需的效果。主要的差異在於鏡像訊務（mirror traffic）的能力，在實驗或發佈階段，鏡像訊務會複製出對 Attendee v1.1 服務的請求。在圖 5-3 中，Before 和 Deployment 階段與金絲雀的發佈是完全相同的；通常暗部署（dark deployment）被稱為特化的金絲雀（specialized canary）。

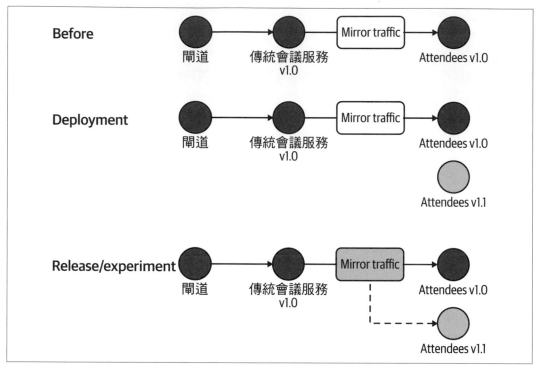

圖 5-3　使用訊務鏡像的方式部署 Attendee 服務

多年來，在系統邊緣實作訊務鏡像已變得越來越流行，現在，服務網格使其能跨內部服務有效且一致地實作。接續「發佈實作了內部快取的新版 Attendee 服務」這個例子，暗啟動此服務將允許你評估該版本的運作效能，但無法評估業務影響。

Blue-Green

Blue-Green 通常在架構中的一個點上實作，該點使用路由器、閘道或負載平衡器，其後是一個完整的 Blue 環境和一個 Green 環境。當前的 Blue 環境代表目前上線的環境，而 Green 環境則代表技術堆疊的下一個版本。在切換到實時訊務之前，Green 環境會被檢查，而在上線時，訊務會從 Blue 翻轉到 Green。Blue 環境現在是「關閉」的，但如果發現問題，就會快速復原（rollback）回它。下一次的變化將從 Green 到 Blue，就這樣從第一次發佈開始如此來回振盪。

在圖 5-4 中，傳統的會議服務和 Attendee 服務都是 v1.0 版本，代表我們的 Blue 模型。在部署過程中，我們希望將傳統的會議服務 v1.1 版和 Attendee v1.1 版一起部署，建立一個 Green 環境。在發佈步驟中，組態被更新為讓閘道指向 Green 環境。

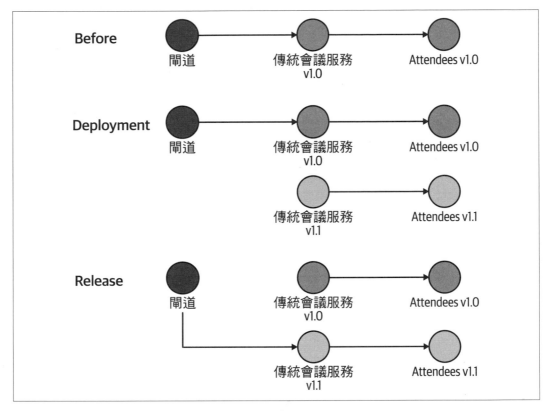

圖 5-4　使用 Blue-Green 的做法部署 Attendee 服務

Blue-Green 由於其簡單性而運作良好，對於耦合的服務來說，會是更好的部署選擇之一。它也更容易管理續存服務（persisting services），儘管你仍然需要在復原（rollback）事件發生時小心謹慎。它還需要雙倍的資源，以便當前版本的環境能與下一版的環境並列運行。

案例研究：使用 Argo Rollouts 來推行

所討論的策略帶來了很多價值，但 rollout（推行）本身是一項你不希望手動管理的任務。這就是像 Argo Rollouts（*https://oreil.ly/Ijj6y*）這類工具的價值所在，它可以實際展示所討論的一些議題。使用 Argo，就能定義一個 Rollout CRD，它代表你為了推行 Attendee API 新的 v1.2 金絲雀可以採取的策略。一個 Custom Resource Definition（CRD，自訂資源定義）允許 Argo 擴充 Kubernetes API 以支援 rollout 行為。CRD 是 Kubernetes 的一種流行模式，它能讓使用者與一個 API 進行互動，並可擴充支援不同的功能。

Rollout CRD 結合了標準的 Kubernetes Deployment CRD 與如何推行新功能的策略。在下面的組態 YAML 中，我們正在運行 Attendee API 的五個 pods（容器艙），並指定了一種推行新功能的金絲雀方法。觸發 rollout 時，20% 的 pods 將被換成新版本。暫停（pause）中的 {} 語法告訴 Argo 等待使用者的確認後再繼續進行：

```yaml
apiVersion: argoproj.io/v1alpha1
kind: Rollout
metadata:
  name: attendees
spec:
  replicas: 5
  strategy:
    canary:
      steps:
        - setWeight: 20
        - pause: {}
        - setWeight: 40
        - pause: {duration: 10}
        - setWeight: 60
        - pause: {duration: 10}
        - setWeight: 80
        - pause: {duration: 10}
  revisionHistoryLimit: 2
  selector:
    matchLabels:
      app: attendees-api
  template:
    metadata:
      labels:
        app: attendees-api
    spec:
      containers:
        - name: attendees
          image: jpgough/attendees:v1
```

把 Argo 安裝到我們的叢集並套用了前面的組態後，叢集中會有 version 1 的 Attendee 服務的 5 個 pods 在運行。Argo 的一個非常好的特點是，其儀表板（dashboard）有助於清楚顯示 rollout 目前的狀態。圖 5-5 顯示了 rollout 的起點，執行 Attendee v1 服務的 5 個 pods。

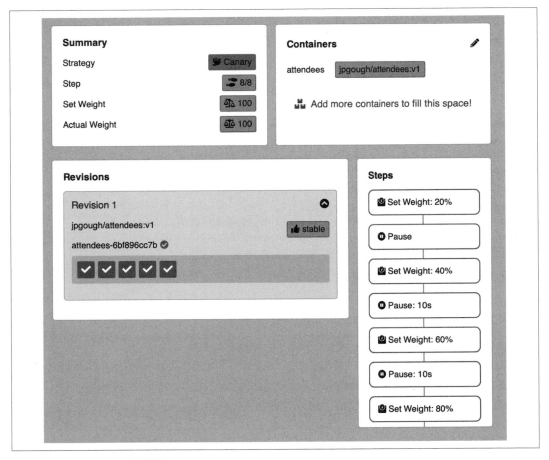

圖 5-5　Argo Rollouts 的起點

執行下列命令可以將 v1.2 版本的金絲雀引入平台：

```
kubectl argo rollouts set image attendees attendees=jpgough/attendees:v1.2
```

圖 5-6 顯示，該發佈處於策略的第一步，現在為 Attendee v1.2 的金絲雀設定了 20% 的權重。正如這個 UI 所展示的那樣，現在發佈處於 Pause（暫停）步驟，等待手動推廣（manual promotion）的觸發，以繼續推行（rollout）動作，無論是從 UI 還是命令列。如果遇到問題，也可以快速復原金絲雀版本。

圖 5-6　Argo Rollouts 的金絲雀

在這個簡單的例子中，你只探索了 Kubernetes 層面；然而，與服務網格的功能完全整合以控制推行，也是有可能的。還可能與 NGINX 和 Ambassador 等入口閘道整合，以協調訊務管理與發佈。像 Argo 這樣的工具使 rollout 和基於訊務的發佈相當有說服力。

除了這個逐步說明中探討的手動推廣步驟外，還可以根據指標的分析（analysis of metrics）來驅動推廣。下面是 AnalysisTemplate 的一個例子，它使用 Prometheus 指標來觀察部署金絲雀的成功率。這個分析階段可以在 Rollout 定義中表現出來，如果成功條件得到滿足，就允許 rollout 繼續進行：

```
apiVersion: argoproj.io/v1alpha1
kind: AnalysisTemplate
metadata:
  name: success-rate
spec:
  args:
  - name: service-name
  - name: prometheus-port
    value: 9090
  metrics:
  - name: success-rate
    successCondition: result[0] >= 0.95
    provider:
      prometheus:
        address: "http://prometheus.example.com:{{args.prometheus-port}}"
```

成功率是一個相當簡單的指標；然而，有些情況下，API 的失敗並不代表基礎設施出現了故障，問題可能出在客戶端請求上。讓我們來探討一些從 API 角度來看很重要的關鍵原則，你可以用這些原則來營運設施，也可以為你的推行策略提供參考。

為成功和識別失敗進行監控

考慮導論中的傳統會議系統案例研究，以及你將如何調查單一應用程式中的問題。一個單一的服務會有單一的日誌檔案（logfile）來追蹤應用程式的請求和所進行的處理。要了解伺服器上行程的整體健康狀況，只有一個應用程式需要查看。分離出多個服務，如 Attendee 服務，會導致營運複雜性的增加。服務之間的跳轉（hops）次數越多，就越有可能出現故障，而要手動找出什麼地方出錯，很快就會變得困難。

可觀察性的三大支柱

API 驅動的架構是解耦（decoupled）的，如果沒有適當的支援，推理和疑難排解都很複雜。可觀察性（observability）為你的系統提供了透明度，讓你在任何時候都能充分了解正在發生的事情。可觀察性最好由三個支柱來描述，這是對分散式架構進行推理所需的最低操作要求：

- 指標（*Metrics*）是一種定期捕捉的測量值，代表了整個平台健康狀況的關鍵要素。指標可以在整個平台的不同層面上，結構的自由度意味著平台可以決定哪些指標是需要捕捉的重點。舉例來說，一個 Java 平台可以選擇捕捉 CPU 使用率、當前堆積（heap）大小和垃圾回收（garbage collection）的暫停時間（僅舉幾例）。

- 日誌記錄（*Logs*）是來自特定元件的處理細節，而記錄的品質往往與發出日誌的應用程式或基礎設施元件密切相關。日誌的記錄格式對搜尋和處理日誌資料的效用影響很大，結構化的日誌有利於更好地搜尋和檢索相關資料。在分散式系統中，僅有日誌通常是不夠的，如果再加上追蹤軌跡（traces）和指標所提供的背景，通常可以更有效探索這些日誌。

- 追蹤軌跡（*Traces*）是轉移到一個分散式架構時必不可少的，它能讓我們透過架構中的所有元件追蹤與之互動的每個請求。舉例來說，如果一個請求失敗了，追蹤軌跡將使你能夠迅速找到架構中出現故障的確切元件。追蹤軌跡的運作方式是在盡可能接近請求的起源處添加一個獨特的標頭（header）；這個標頭會在給定的一個請求的所有後續處理中傳播。如果請求的情境（context）轉移到不同類型的基礎設施（例如一個佇列），這個唯一的標頭將被記錄在訊息信封（message envelope）中。

你可以在 Cindy Sridharan 所著的《*Distributed Systems Observability*》（O'Reilly）中找到更詳細的介紹。

> 在整個平台上實作這三個支柱是不夠的。在第 142 頁的「閱讀訊號」中，我們將介紹如何利用可觀察性的三個支柱來營運一個 API 平台所涉及的基礎設施。

對於可觀察性的三個支柱，OpenTelemetry 專案（*https://oreil.ly/fJPPd*）是最好的起點。該專案在 Cloud Native Computing Foundation（CNCF）中提供了一個開放的標準，防止被特定供應商所束縛，並促進了盡可能廣泛的相容性。雖然指標和追蹤軌跡的標準已經建立，並且很穩定，但日誌記錄是相對較難解決的問題（因為可能會有各種不同的資訊來源），但它也涵蓋在 OpenTelemetry 專案中。

API 的重要指標

考慮哪些指標對 API 平台來說是重要的，是一個關鍵的決定，將有助於及早發現故障，甚至可能防止它們的發生。你可以測量和蒐集各種不同的指標，但有些指標也將取決於你的平台。RED（Rate, Error, Duration，即「速率、錯誤、持續時間」）指標經常被指出是測量基於訊務的服務架構的一種好方法。它吸引人的部分原因在於，這些指標提供了一個良好概述，有助於了解某個時間點上正在發生的事情。速率（rate）顯示了一個服務每秒處理多少個請求（或「吞吐量」，throughput）、有哪些錯誤（errors）被回傳，以及每個請求的持續時間（duration，或「延遲」）。在 SRE（Site Reliability Engineering，網站可靠性工程）領域，這些指標幫助我們推導出 The Four Golden Signals（四大黃金訊號，*https://oreil.ly/iv1bJ*）：延遲（latency）、流量（traffic）、錯誤（errors）和飽和度（saturation）。

也許 RED 和黃金訊號（golden signals）最大的缺點之一是，套用規則很容易，但卻忽略了系統更廣泛的背景情境（或理解）。舉例來說，API 的每一個錯誤都是由請求鏈中的某個服務引起的嗎？對於 API 來說，錯誤的情境（context）真的很重要；舉例來說，5xx 範圍錯誤（range error）很重要，因為它凸顯出了由基礎設施元件或服務所引發的故障。4xx 錯誤不是服務的問題，更多的是客戶端的問題，但你能單純忽略這個錯誤碼嗎？一系列的 403 Forbidden 錯誤可能表明，有惡意的行為者正試圖存取他們無權存取的資料。這個例子說明為什麼情境很關鍵，而花時間調查哪些指標是重要的，可以使 API 的推理超越 RED 指標的限制。

重要的指標應該與警報（alerting）聯繫起來，以確保你能迅速處理問題（或即將發生的問題）。在設定警報時，你必須謹慎，以避免誤報（false positives）。舉例來說，如果在低活動或無活動時產生警報，這可能就是在銀行休假日或週末被觸發的。只在核心業務時間安排這種類型的警報可能會有幫助，或者可以將其關聯至當前的網站登錄數。

在我們的會議系統案例研究中，以下將被認為是需要捕捉的重要範例指標：

- 對 Attendee 服務的每分鐘請求數。
- Attendee 的服務等級目標（service-level objective，SLO）是回應的平均延遲。如果延遲開始明顯偏離，這可能是問題的早期跡象。
- 來自 CFP 系統的 401 的數量可能表明供應商被攻陷或權杖（token）被盜。
- 衡量 Attendee 服務的可用性（availability）和系統正常運行時間（uptime）。

- 應用程式的記憶體和 CPU 用量。

- 系統中的出席者（attendees）總數。

閱讀訊號

到目前為止，我們已經討論了可觀察性（observability）及其重要性，還有每個支柱的目的。我們看了一些 API 的關鍵指標，但也補充了一個注意事項，即僅僅實作或使用沒有背景情境的指標是不夠的。我們提到了從運行中的應用程式捕捉指標的想法，比如垃圾回收（garbage collection）時間。垃圾回收所花費的時間增加，可能是你應用程式即將失敗的早期症狀。垃圾回收通常會花時間暫停應用程式，進而導致請求被推延，而可能影響延遲。早期發現這些情況，就相當於注意到汽車引擎發出奇怪的噪音；它仍然可以運作，但有些地方不太對勁。

為了閱讀這些訊號，建立一個預期值或基準線會很有幫助，然後在這個範圍內進行測量，並在超出這個範圍時發出警報，可以幫助發現問題。下一步將是觀察 API 延遲（latency）衝擊程度的實際指標——相當於檢查現在顯示的引擎燈號。你越早讀出潛在問題的訊號，出現問題衝擊到客戶的可能性就越小。如果這兩項措施都被忽視，應用程式最終會倒下，使得團隊急忙修復。

了解軟體以及與關鍵指標的連結，有助於建立一個成熟的營運平台，能及早發現問題並解決問題。在分散式架構中，故障是無法避免的，在故障情況下，追蹤軌跡將是縮小範圍以找出根本原因的首選工具。我們見過在沒有追蹤軌跡等工具的情況下，開發人員都變成了偵探，翻查日誌記錄，試圖找出「嫌犯是誰（whodunnit）」的線索，花費好幾個小時才能挖出問題的根源。另一個關鍵考量點是團隊對各種事件的反應速度。如果第一次發生這種事是在所有的 API 訊務都無法運作的時候，那就會壓力很大（而且可能會衝擊業務）。

有效軟體發佈的應用程式決策

分散式架構為發佈軟體帶來了新的挑戰和考量，而且需要在應用程式層面進行改變。在本節中，你將探討在分散式架構中發佈軟體時的一些問題以及如何解決那些問題。

回應快取

涉及到應用程式元件，特別是閘道（gateways）和代理（proxies）時，回應快取（response caching）可能是一個真正的問題。考慮下面的場景。我們試圖執行 Attendee 服務的某個金絲雀發佈，一切看起來都很順利，所以我們繼續推行所有的新服務。然而，呼叫 GET /attendees 的服務使用了一個代理，現在故障了，四處產生 500 錯誤。原來，快取的結果掩蓋了我們新軟體出錯的事實。

為了避免快取結果，重要的是在發出 GET 請求的客戶端設定一個標頭，即 *Cache-Control: no-cache, no-store*。最終，快取會逾期，我們就達成了一致的狀態。

應用程式層級的標頭傳播

任何終止 API 請求並向另一個服務創建請求的 API 服務，都需要從終止的請求複製標頭資訊到新的請求中。舉例來說，任何與追蹤或觀察能力有關的標頭都需要添加到下游請求中，以確保分散式追蹤軌跡可以觀察得到。

對於認證（authentication）和授權（authorization）標頭，重要的是對「什麼可以安全地發送到下游」有所主張。舉例來說，轉發認證標頭可能會導致一個服務能夠冒充另一個服務或使用者，從而引發問題。然而，OAuth2 持有人權杖（bearer token）就可以安全地發送到下游（只要傳輸是安全的）。

協助除錯的日誌記錄

在分散式架構中，事情是會出錯的！一般情況下，能看到一個請求被成功送到一個服務是非常有價值的，尤其是當你不考慮快取的時候。將日誌記錄（logs）分成兩種不同的類型是很有用的：日誌和診斷資訊。日誌（*journal*）能捕捉系統中的重要交易（transactions）或事件（events），並且很少使用。日誌事件的一個例子是收到一個要處理的新訊息和該事件的結果。診斷資訊（*diagnostics*）則更關注處理過程中的故障和日誌事件之外的任何意外錯誤。作為結構化日誌記錄的一部分，你可以添加一個欄位來表示記錄類型，讓我們得以快速單獨存取日誌或完整的診斷資訊。

考慮一個有主張的平台

在本節所涉及的決策中，通常沒有對採取什麼途徑做出有意識的決定，這可能導致重複的工作或不一致的做法。解決這個問題的選擇之一是建立一個平台團隊，並開發一個有主張的平台（opinionated platform）。作為技術平台的一部分，有主見的平台將對如何解決問題做出關鍵的決定，避免每個開發者都得實作相同的平台功能。

有主張的平台要想獲得成功，就需要加強通往生產的路徑，考慮到 DevOps 和其他在平台上營運所需的關鍵要素。這經常被稱為通往生產的*平坦之路*（*paved path*）或*黃金路徑*（*golden path*）。創建開發團隊想要使用並使解決業務問題更容易的平台，將有更大的機會被採用。重要的是要記住，建立主張會產生約束，所以在開發人員的自由和能在組織內按預期運作的應用程式之間要有所取捨。

ADR 指導方針：有主張的平台

當平台的開發者參與到設計過程中，選擇創建一個有主張的平台才會最為成功。在表 5-3 的指導方針中，你將探索要考慮哪些要點，以及讓開發人員參與進來對於建立一個成功的有主張平台是多麼的重要。

表 5-3 ADR 指導方針：有主張的平台

決策	你是否應該為你的部署和發佈採用一個有主張的平台？
討論重點	我們在組織中開發軟體的語言是什麼？是否有可能以少數幾種語言為中心來使用有主張的平台？
	組織的設置是否可以讓你開放權力給作為消費者的開發人員，並將有主張的平台當作內部產品執行？
	有哪些限制或功能會增加引入平台的好處？舉例來說，監控和可觀察性應該是提供給開發者的內建功能嗎？
	如何更新平台建議，並為已經在使用平台的團隊提供變更支援？
建議	將開發人員視為平台產品的客戶，建立一個機制支援開發者提供意見。
	關鍵功能對開發者而言應該盡可能透明（例如，配置一個程式庫來引入開放式遙測）。
	新的應用程式總是能得到堆疊中的最新功能。然而，你如何確保現有的平台使用者可以輕鬆獲得最新的功能？

總結

在本章中，我們介紹了 API 架構中軟體的部署和發佈：

- 一個寶貴的起點是要理解將部署和發佈分開的重要性。在現有的應用程式中，功能旗標是在程式碼層面上配置和啟用新功能的一種途徑。

- 訊務管理提供了一個新的機會，利用訊務的路由來為發佈建模。

- 主要（major）版本、次要（minor）版本和修補（patch）版本有助於區分發佈選項的風格。具有緊密耦合 API 的應用程式可能使用不同的策略。

- 你已經回顧了發佈策略和它們適用的情況，你也看到了像 Argo 這類的工具如何有效地幫助推行（rollouts）。

- 監控和指標是衡量 API 平台成功與否的一個重要標準。你已經回顧了為什麼一些指標會成為麻煩，讓你誤以為出了問題，但實際上沒有。你已經學到可觀察性的入門知識，以及為什麼應用這些技術對於成功營運一個 API 平台至關重要。

- 最後，你探討了支援有效推行的應用程式決策，以及平台所有者希望在整個平台上實現一致性時，可能要考慮的問題。

有效地部署和發佈 API 對於 API 驅動的架構之成功而言非常關鍵。然而，重要的是要考慮到 API 系統將面臨的安全威脅，並思考如何有效減輕風險。這是第 6 章的焦點所在。

營運安全性：
針對 API 的威脅建模

在這個階段，你已經探索了整個 API 生命週期：考慮到設計和測試、部署的選項以及發佈 API 的策略。Attendee API 可能看起來已經準備好公開給外部系統使用。API 的建立很快，為未來的相容性進行設計卻很棘手，甚至更難保證安全。事實就是，開發人員和架構師專注於交付功能，而安全性往往在專案的最後才被考慮。

在本章中，你將看到為什麼安全性很重要，以及沒有適當的安全措施會如何損害你的聲譽和代價昂貴。你將學習如何檢查一個系統的架構是否存在安全弱點，並判斷出在生產環境中可能會遇到的威脅。當然，你不可能識別出所有的威脅，攻擊者是狡猾的，而且威脅形勢不斷演變，但對於架構師來說，關鍵的技能是能夠「左移（shift left）」（即「提早進行」）安全措施的設計與實作，無論是為他們自己還是為更廣泛的開發團隊[1]。一般來說，你在軟體開發生命週期中越早考慮安全問題（即「能往左移得更遠」），你就能越容易且更具成本效益地適應不斷變化的威脅形勢。這將有助於你在參與 API 的安全設計時做出明智的決定。

在第 100 頁的「強化安全性：傳輸安全、認證和授權」中，我們回顧了控制平面或系統內的通訊是如何透過 mTLS 來保障安全性。然而，一旦不在控制平面之內的「外部」系統被引入，就需要一種新的做法。

---

[1] 理想情況下，安全應該「從左開始（start left）」（即「一開始就做」），把安全性帶入當作基礎。

案例研究：將 OWASP 應用於 Attendee API

你將透過對威脅建模（threat modeling）的介紹開始你的安全系統設計之旅。然後你會探索如何進行一個威脅建模練習，以 Attendee 服務和 API 為例，如圖 6-1 所示。

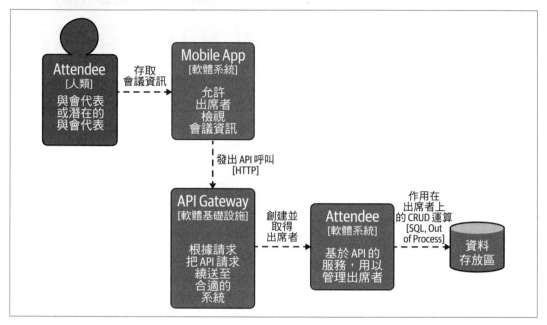

圖 6-1　將在威脅建模練習中使用的 Attendee API

威脅建模的一個核心組成部分是尋找潛在的安全弱點，因此你將探索 OWASP API Security Top 10（*https://oreil.ly/k9MSt*），在追查問題時，你可以把它當作靈感來源；在試圖解決所發現的威脅時，也可以作為緩解措施的來源。在本章結束時，你會理解什麼是威脅建模，以及如何將其應用於你自己的專案[2]。

Open Web Application Security Project（OWASP，開放 Web 應用程式安全計畫）是一個非營利的基金會，致力於提高軟體的安全性。OWASP 最著名的專案是 OWASP Top 10，這個專案是一份清單，列出 Web 應用程式面臨的最關鍵的安全風險。2019 年，OWASP製作了一個新的 Top 10 名單，這就是 API Security Top 10。這個清單以安全專家的工作成果為基礎，他們研究了入侵事件和漏洞賞金計畫（bounty programs），滲透測試人員（penetration testers）也對哪些安全問題應該進入這前十名提出了意見。這並不是一份

2　關於進行威脅建模的做法之詳盡參考和描述，請參閱 Izar Tarandach 和 Matthew J. Coles（O'Reilly）所著的《*Threat Modeling*》。

詳盡的清單，會列出你將面臨的所有威脅。然而，在研究你 API 的安全漏洞可能如何被利用時，你應該把它們記在心裡。這些清單會定期更新，因此，隨著清單的發展，追蹤前十名的變化並更新是很重要的。

沒做好外部 API 安全防護的風險

雖然安全性已經變得更加引人注意，並作為一個話題被帶到了人們的視線之中[3]，但它還在努力獲得與機器學習（machine learning）、大數據（big data）和量子計算（quantum computing）等技術一樣的熱門程度。對於大多數軟體專業人員來說，安全問題並不總是在他們腦海中佔據首要位置。開發人員專注於業務解決方案的程式碼編寫，SRE 團隊確保生產設施的運作，而產品所有者則專注於規劃有價值的新功能。安全性常常被推延，如果你有幸擁有一個安全團隊，那麼它可能被委託給他們。客戶的感知價值（通常）不在於所實施的安全控管上，而在於你系統所提供的服務。

利用安全漏洞的入侵攻擊可能會產生災難性的衝擊：通常對一個組織的聲譽會有很大的風險。在財務上，影響很龐大：「上市公司網路漏洞的平均成本是 1.16 億美元」（*https://oreil.ly/W70CP*）；2021 年一個組織資料洩露的平均成本是 424 萬美元（*https://oreil.ly/FpH3D*），比前一年增長了 10%。

以下是幾個安全事故的頭條新聞實例，這些事故在經濟和社會方面都造成了巨大的損失：

- 資料庫洩露了 4.19 億使用者的資料（*https://oreil.ly/iCZOb*）
- 資料洩露事件影響到 1.43 億美國人（*https://oreil.ly/sK321*）
- 安全漏洞洩露了 4700 萬使用者的個人資訊（*https://oreil.ly/DREQ0*）
- 資料洩露事件達成 1750 萬美元的和解（*https://oreil.ly/RfiQh*）
- 1.06 億客戶紀錄被盜並被處以 8000 萬美元罰款（*https://oreil.ly/8fR4j*）
- 因網路攻擊引起的失誤被罰款 1640 萬英鎊（*https://oreil.ly/LnEuX*）

3　像 Edward Snowden 這樣的人物和 *Mr. Robot* 這樣的電視節目助長了公眾對於安全的討論。

最後兩篇文章很有意思，因為監管單位對違反監管規則或沒有做出適當回應施加了懲罰。重要的是要查看你的營運環境，看看對客戶資料管理方面有什麼要求。使用者的合理假設是，有採取適當的措施來保護他們的隱私和資料；如果沒有，你的組織就要負起責任。其中一項監管要求是 General Data Protection Regulation（GDPR，一般資料保護規則），該條例賦予個人對其個人資訊更大的控制權。如果不遵守這些規定，會帶來嚴重的財務制裁。目前，因違反 GDPR 而被開出的最高罰款包括 Amazon 的 6.36 億英鎊罰金（*https://oreil.ly/rcWyY*）和 WhatsApp 的 2.25 億歐元罰金（*https://oreil.ly/TuYnM*）。

> 組織的責任不僅限於由該組織開發的 API 和系統。若不謹慎管理，供應商產品和開源軟體會帶來真正的挑戰。請確保供應商產品的標準與你自己的軟體開發標準是一樣的。開源軟體的漏洞可能影響廣泛。請確保組織有追蹤 Common Vulnerabilities and Exposures（CVE），很關鍵的是，還要能重建受影響的軟體。

威脅建模入門

威脅建模是一種「可用來幫助你識別出可能影響你應用程式的威脅（threats）、攻擊（attacks）、弱點（vulnerabilities）和對策（countermeasures）」的技術（*https://oreil.ly/ahFgn*）。舉個現實生活中的例子，如果你要對你的房子或公寓進行威脅建模練習，你會找出進入點（門、窗）、以及你是否把前門的鑰匙給了鄰居等這類事情。這種做法的好處在於，只有當威脅被清楚識別出來後，才有可能減輕安全風險。它還有助於釐清安全促進措施的優先順序，避免無意義的努力或安全戲劇（security theater，*https://oreil.ly/peFDx*）。繼續以房屋為例，如果你花了一大筆錢打造了一扇鋼筋水泥的前門，卻把鑰匙放在門墊下或門外的花盆裡，那麼這樣的做法是沒有任何益處的。

威脅建模是一個過程，應該被整合到軟體開發的整個生命週期中。理想的情況是，在專案開始時就進行威脅建模，並隨著系統和架構的演變而不斷重新審視。好消息是，有許多明確定義的威脅建模方法。在本書中，我們將使用由 Microsoft 的 Praerit Garg 和 Loren Kohnfelder 所設計的 STRIDE 方法。你會在本章後面了解更多關於這個方法論的資訊。

軟體系統的威脅建模歷來是使用 DFD（data flow diagrams，資料流程圖）進行的[4]。DFD 捕捉系統的動態（資料流）面向，而 C4 模型主要捕捉系統的靜態（結構）面向。

---

4 關於 DFD 的完整說明，請訪問 OWASP 的 DFD 介紹頁面（*https://oreil.ly/0VlaM*）。

DFD 簡單易懂，並以資料為中心，這使得人們很容易看到資料如何在系統中流動。DFD 的核心組成部分是：

外部實體（*External entities*）

　　這些是不屬於你系統的應用程式或服務。在我們的案例中，這會是行動應用程式。

程序（*Processes*）

　　屬於我們領域的應用程式或任務（task），如 API 閘道。

資料存放區（*Datastores*）

　　儲存資料的位置。對於本案例研究，這將是資料庫（database）。

資料流（*Data flows*）

　　代表資料流的連線（connection），如行動應用程式到 API 閘道的連線。

邊界（*Boundaries*）

　　特權或信任的邊界，以顯示信任等級的變化。本案例研究的邊界是行動應用程式與 API 閘道之間的網際網路（internet）邊界。

作為威脅建模的一部分，我們已經建立了一個 DFD，如圖 6-2 所示。

像攻擊者一樣思考

架構師和開發團隊有時會不願意考慮安全問題，因為他們認為這是專家團隊的工作。然而，有誰比設計和建造軟體系統關鍵結構元件的人更能識別和理解潛在的弱點呢？架構師和安全專家可以合作解決這些問題，並共同探索不同的攻擊角度。好消息是，要進行威脅建模練習，你不需要成為安全專家，但你需要像攻擊者或不良行為者那樣思考。

像攻擊者那樣思考通常比你想像的要容易，因為你一直都在這樣做（只需問自己「攻擊者會怎麼做？」即可）！舉例來說，晚上停車時，你是怎麼處理你車鑰匙的？你會把它留在車上嗎？如果是停在大街上，可能不會；但如果是停在車庫裡，就可以。你可以把鑰匙放在前門旁邊。然而，有人可以用衣架穿過信箱拿走你的鑰匙，或者，如果是無線感應的車鑰匙，攻擊者可以使用訊號放大器。那麼你會把它帶上樓嗎？而隨著電子鎖系統和防盜裝置的興起，你會把它們放在 Faraday 籠子（*https://oreil.ly/AAdsK*）裡嗎？你在這裡所做的是觀察一種情況，評估威脅並權衡風險。你現在需要從現有定義明確的方法論中得到一點幫助，將這種方法套用到軟體系統設計上。

如何建立威脅模型？

與軟體設計和開發中的許多方法論一樣，威脅建模也有架構師和工程師們多年來一直在精煉的明確目標、做法和技巧。威脅建模的高階做法是：

1. 確立目標（Identify your objectives）：建立一個業務和安全目標的清單。保持簡單（例如，避免未經授權的存取）。

2. 蒐集正確資訊（Gather the right information）：產生系統的一個高階設計，並確保你有正確的資訊。有能力理解你的系統是如何運作並作為整體一起工作的，這將包括讓正確的人參與到對話中。

3. 分解系統（Decompose the system）：拆解你的高階設計，以便你可以開始對威脅進行建模。這可能需要多個模型和圖表。

4. 識別出威脅（Identify threats）：系統化地尋找對你系統的威脅。

5. 評估威脅的風險（Evaluate the risk of the threats）：排出威脅的優先順序，以聚焦在最可能發生的威脅上，然後找出這些可能發生的威脅之緩解措施。

6. 驗證（Validate）：問問自己和團隊，所做的變更是否成功。你們應該再進行一次審查嗎？

現在讓我們更詳細地探討這些步驟，把案例研究作為你要進行威脅建模練習的系統。

Step 1：確定你的目標

威脅建模的第一步是確定你的目標；這是執行威脅建模的驅動力。在為自己的系統設定目標時，應該關注你要實作的安全目標是什麼。這些目標應該來自整個組織，而不僅僅是你的團隊和 InfoSec 團隊。安全目標通常由商業目標驅動，例如避免資料洩露以防止被起訴，或符合像 GDPR 這樣的法規。如果這些只是取自於你的直接領域，那麼你就沒有對你的組織所面臨的最重要的問題有一個完整的認識。你對 Attendee 服務的目標是，透過確保 OWASP Top 10 得到緩解，為第三方的外部消費準備 API。

Step 2：蒐集正確的資訊

一旦你有了目標，威脅建模的第二步就是獲取關於系統運作方式的資訊。進行威脅建模時，你必須邀請系統每個領域和相關源碼庫或產品的專家。這是為了確保你理解一切是如何運作的，並且不做任何隱藏的假設。對於 Attendee API，這將需要帶入所有元件的團隊成員，包括行動應用程式、閘道、資料庫和 Attendee 服務。

Step 3：分解系統

威脅建模過程的第三步是建立系統的一個示意圖，顯示元件的互動和資料的流動方式。然後用合作蒐集的資訊來創建 DFD。創建示意圖可能很耗時，所以我們建議使用專門的威脅建模工具。對於圖 6-2 所示的案例研究資料流程圖，我們使用了 Microsoft Threat Modeling Tool，當然也有其他工具可供選擇 [5]。

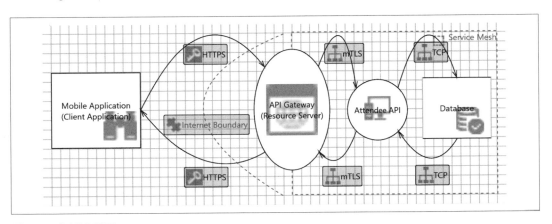

圖 6-2　資料流程圖

Step 4：識別威脅——在你的 STRIDE 中採取這種做法

威脅建模的第四步是研究系統的威脅。開始查看資料流程圖時，必須牢記你的威脅建模目標，否則很容易偏離正題。

5　你可以在這裡找到 Microsoft Threat Modeling Tool（*https://oreil.ly/ahFgn*），並透過 OWASP Threat Dragon GitHub 儲存庫（*https://oreil.ly/NXF8U*）探索其他選項。

使用專用的 Microsoft Threat Modeling Tool 的好處在於，它可以使用 STRIDE 方法論為你進行一些自動分析。所產生的清單並不完整，但它可用作一個起點。圖 6-3 是為我們的 Attendee API 系統生成的威脅清單。在這種情況下，此工具發現了 27 個潛在的威脅。

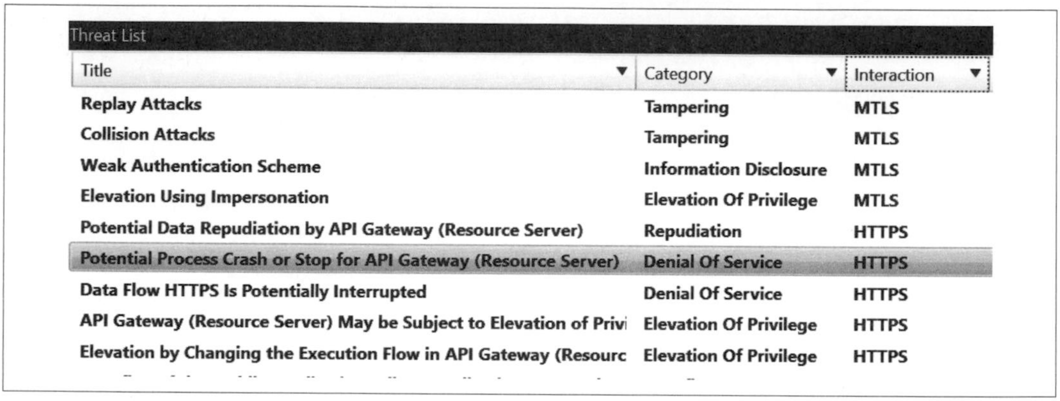

Threat List		
Title	Category	Interaction
Replay Attacks	Tampering	MTLS
Collision Attacks	Tampering	MTLS
Weak Authentication Scheme	Information Disclosure	MTLS
Elevation Using Impersonation	Elevation Of Privilege	MTLS
Potential Data Repudiation by API Gateway (Resource Server)	Repudiation	HTTPS
Potential Process Crash or Stop for API Gateway (Resource Server)	Denial Of Service	HTTPS
Data Flow HTTPS Is Potentially Interrupted	Denial Of Service	HTTPS
API Gateway (Resource Server) May be Subject to Elevation of Privi	Elevation Of Privilege	HTTPS
Elevation by Changing the Execution Flow in API Gateway (Resourc	Elevation Of Privilege	HTTPS

圖 6-3　資料流程圖威脅分析

STRIDE 是以下的縮寫[6]：

Spoofing（假冒）

盜用使用者的認證資訊。在這種情況下，駭客獲得了使用者的個人資訊、或能使他們重複認證程序的東西。假冒威脅是指狡猾的駭客能夠冒充有效的系統使用者或資源，以獲得系統存取權，危及系統安全性。

Tampering（竄改）

在有或沒有被偵測到的情況下，修改系統或使用者資料。未經授權更改儲存或傳輸中的資訊、對硬碟進行格式化，惡意入侵者在通訊中引入一個無法檢測的網路封包，以及對敏感檔案做出無法檢測的變更，都算是竄改威脅。

Repudiation（否認）

不受信任的使用者在進行非法操作時無法被追蹤。否認威脅與使用者（惡意的或其他）有關，他們可以否認錯誤的行為，而沒有任何方式來反證這一點。

6　所用的定義來自 STRIDE 的創始者 Loren Kohnfelder 和 Praerit Garg，在 1999 年撰寫的論文「The threats to our Products」（*https://oreil.ly/a7NHe*）（下載）。

Information disclosure（資訊洩露）

危及使用者的私人或關鍵業務資訊。資訊洩露威脅將資訊公開給不應該看到它的人。使用者能夠讀取她或他沒有被授權存取的檔案，以及入侵者能夠在兩台電腦之間的傳輸過程中讀取資料，都算是資訊洩露威脅。請注意，這種威脅與假冒威脅不同，在此犯罪者直接獲得資訊，而不是透過冒充合法使用者來獲得。

Denial of Service（阻斷服務）

使系統暫時不可用或無法使用，像是可以強迫使用者的機器重新開機或重啟的那些攻擊。當攻擊者可以暫時使系統資源（處理時間、儲存空間等）不可用或無法使用，我們就有了阻斷服務威脅。我們必須防止某些類型的 DoS 威脅，以提高系統的可用性和可靠性。然而，有些類型的 DoS 威脅是很難防範的，因此最起碼，我們必須識別並合理化這種威脅[7]。

Elevation of privilege（權限提升）

未經授權的使用者獲得了特權存取許可，從而有足夠的權限來完全侵佔或摧毀整個系統。這類威脅更危險的面向是以無法偵測的方式破壞系統，從而讓使用者能在系統管理員不知情的狀況下利用特權。權限提升威脅的情況包括攻擊者能取得應有權限以上的權限、完全侵害整個系統的安全性，並造成極端的系統損壞。在此，攻擊者有效地穿透了所有的系統防禦，成為受信任的系統本身的一部分，可以做任何事情。

評估你系統時，你可以在架構的每個重點位置上使用這個縮寫，看看存在哪些威脅。還有其他的威脅建模方法論可以使用[8]。

查看圖 6-2 中的資料流程圖時，你可以看到存在於客戶端應用程式和 API 閘道之間的邊界。API 閘道通常位於我們網路的邊緣，也可能是面向網際網路的，正如你在第 59 頁的「API 閘道要部署在哪裡？」中所了解到的那樣。你將探索與 API 閘道有關的幾種不同威脅，並學習這將如何幫助你補強系統上許多常見的 API 安全弱點。如果你在邊緣保護你的系統，往往可以減少整個系統的風險，但情況並不總是如此。在第 219 頁的「從分區架構到零信任」中，你將更加了解如何從分區架構（zonal architecture），也就是安全範圍內的訊務與外部訊務以不同方式處理，轉向零信任（zero-trust）模型，即訊務會不斷被重新認證。

7　雖然這個定義是關於個別機器的，但定義阻斷服務攻擊的情境脈絡在今日仍然相同。它的目的是使資源離線。

8　額外的兩種方法論包括 P.A.S.T.A（*https://oreil.ly/OYYQq*）和 Trike（*https://oreil.ly/TQayg*）。

你案例研究的安全目標相當具體：Attendee API 應該為外部消費做好準備，為了達成此目標，我們將確保每個程序都能緩解 OWASP API Security Top 10。由於這是一個直接的目標，DFD 可被用來將資料流程映射至 OWASP 網站上列出的問題和安全弱點。然而，典型的威脅建模目標可能是像「防止 PII 的資料洩露以符合 GDPR」或「為 API 提供99.9% 的可用性以履行契約義務」這類的東西。這第二個目標看起來好像與安全無關，但你要把 DoS 放在心上才行，因為不履行這一義務，甚至是受到 DoS 攻擊，都可能導致財務懲罰。

現在讓我們回顧一下這個系統並套用 STRIDE。為了凸顯 OWASP API Security Top 10，這些威脅將根據相應的 STRIDE 值進行分組。這是為了展示 STRIDE 的應用和OWASP API Security Top 10 以及它們的緩解措施。在你自己的架構中識別威脅時，建議你將 STRIDE 套用於每個程序和連線，這也被稱為每個元素的 STRIDE（STRIDE per element）。

假冒

假冒（spoofing）是指一個人或程式能夠偽裝成另一個人或程式。為了防範這種情況，你會想要認證（authenticate）所有請求，確保它們是合法的。在 OWASP API Top 10 中，有一個安全議題是 Broken User Authentication（損壞的使用者認證，*https://oreil. ly/59Tgo*）。這肯定與「假冒」這一分類有關，所以你會想要確保認證流程沒被破壞。要了解更多這方面的知識，第 169 頁的「認證」提供了資訊和使用案例研究的範例。

竄改

STRIDE 方法論的下一個著眼點是「竄改」，目標是使用者或客戶不應該能以非預期方式修改系統、應用程式或資料。舉例來說，不應該讓不良行為者能將原定要送往 Attendee 服務的訊務重導到外部位置，或透過不當更新出席者的使用者資料來修改 Attendee 服務。竄改發生的主要方式有兩種：透過承載注入（payload injection）和大量指定（mass assignment）。

承載注入。當不良行為者試圖將惡意的承載注入到對 API 或應用程式的請求中時，就會發生承載注入（payload injection）。請注意，在 OWASP Security Top 10 中，這不僅涉及常見的 SQL 注入（SQL injection），也涉及到對任何使用者輸入的注入。在案例研究中，你可以使用 API 閘道來驗證所發出的請求是否符合定義的契約（contract）或結構

描述（schema），從而在請求處理鏈的初期階段防止注入攻擊。任何不符合契約的請求都可以被拒絕，或者丟棄相應的訊務。這種做法在第 13 頁的「OpenAPI Specification 的實際應用」中有所描述。OpenAPI Specification 越來越常被用在 HTTP 請求的驗證上。

值得一提的是，儘管在 API 閘道處進行輸入驗證（input validation）是很有價值的，但這並不意味著你可以在後端服務中省略進一步的輸入驗證和淨化（sanitization）；信任，但還是要驗證！

就 Attendee 服務而言，例如收到下面的 POST 請求，其中帶有這個範例承載用以創建一個使用者：

```
POST /attendees
{
  "name": "Danny B",
  "age": 35,
  "profile": "Hax; DROP ALL TABLES; --"
}
```

Attendee API 的 OpenAPI Specification 定義了應該只接受字母的 name、接受正整數的 age，以及接受字母、數字和特殊字元值的 profile（因為這是要讓使用者寫一點關於他們自己的資訊）。在這種情況下，執行輸入驗證的 API 閘道將檢查承載，並只在輸入驗證成功時才讓它通過。即使輸入驗證通過了，Attendee API 仍然應該淨化輸入，以防止攻擊。Attendee 服務在與資料庫通訊時將使用預先準備好的述句。重要的是要有多條防線，以防其中一條失效。

大量指定。繫結至資料庫實體的可修改特性很容易被不當地改變。它們可能被所謂的大量指定（mass assignment，*https://oreil.ly/5Q6aC*）攻擊所利用。這是一個需要考慮的重要情況，特別是當你的底層應用程式使用了 Active Record 模式 [9]、或某種形式的自動實體資料庫（entity database）序列化或解序列化（serialization/deserialization），就像 ORM（object-relational mapping，物件對關聯式映射）框架經常提供的那種。

讓我們來看看 Attendee API 的一個假想案例。想像一下，有一個叫作 devices 的特性，會在為一個出席者發出請求時被回傳。這個特性被設計成一個從外部只能讀取的裝置串列（list of devices），這些裝置是出席者連線到 API 用的，而且這只能由出席者的應用程式碼更新。

---

[9] Active Record 模式這種實務做法對外開放一個資料物件及其函式，它或多或少地映射到底層的資料庫模型。

假設有一名不良行為者為一個出席者（/attendees/123456）發出了一個 GET 請求，並收到了以下回應：

```
{
  "name": "Danny B",
  "age": 35,
  "devices": [
    "iPhone",
    "Firefox"
  ]
}
```

現在，不良行為者向 Attendee API 發出一個 PUT 請求，以更新 age 屬性，他們還惡意地試圖更新 devices 串列：

```
PUT /attendees/123456
{
  "name": "Danny B",
  "age": 36,
  "devices": [
    "vulnerableDevice"
  ]
}
```

當該實體被儲存到資料庫時，devices 串列中的任何資料都應該被忽略。當客戶端輸入的資料被繫結到內部物件上，而沒有考慮到後果時，經常就會出現 Mass Assignment，這通常是把資料庫 API 作為基於 Web 的 API 對外開放時的結果。在第 1 章中，我們從易用性的角度討論了對外開放底層資料模型的問題，這也提供了不這麼做的額外理由。

這個安全弱點通常無法在 API 閘道層面上解決；取而代之，必須在 API 實作本身中防範這個漏洞。

否認

根據 STRIDE，當應用程式或系統沒有採取控制措施來正確追蹤並記錄使用者的行動時，就會發生否認攻擊（repudiation attack），這會允許惡意操作或偽造新行動的身分識別。對於向 API 發出的許多請求，了解請求的細節、承載和產生的回應（以及相應的內部行動）都是很重要的。在某些監管或合規性（compliance）用例中，你可能需要任意抽查交換中的內容。如果一個請求可以被否認，也就是沒有證據證明攻擊者做了什麼，那麼攻擊者就能駁回或不同意他們曾試圖進行此類的惡意行為。這就是為什麼否認威脅（STRIDE 中的「R」）被包括在 STRIDE 方法論中。

為了識別通過你系統的請求並了解正在發生的事情，你需要添加日誌記錄（logging）和監控（monitoring）。不充足的日誌記錄和監控（*https://oreil.ly/Gmzj6*）是 OWASP API Top 10 中的一個安全弱點。由於來自使用者的所有請求都會流經 API 閘道，這是可用來監控訊務並記錄請求和回應的一個明顯集中點。許多 API 閘道都會內建有這樣的功能，但你需要了解如何儲存、搜尋和提取這些資訊，特別是隨著時間的推移來進行。就和任何災後恢復和業務連續性（disaster recovery and business continuity，DR/BC）能力一樣，日誌記錄和監控功能必須定期驗證，以確保你有捕捉到預期的東西。

資訊洩露

資訊洩露是 STRIDE 中的「I」，這主要是指不要揭露那些只應在內部使用或保密的資訊。這類威脅中兩個常見的反模式包括資料過度開放（excessive data exposure）和不當的資產管理（assets management）。

資料過度開放。OWASP API Top 10 中的資料過度開放（*https://oreil.ly/5pHdH*）之重點在於確保資料不被不當地對外開放。作為一個假想的場景，想像一下 Attendee 服務持有 PII，如護照號碼。設計你的 API 時，重要的是要防止這些資料的不當曝光。對 API 會被呼叫的方式做出天真的假設是非常容易的，尤其是在一個系統隨著時間的推移而演變的情況下。最初只限於內部使用的 API 可能（出於好意）對外公開，或者以前僅供受信任的客戶端應用程式取用的 API 可能開放給公眾使用。

如果一個 API 是經由 Web 應用程式呼叫的，那麼透過現代 Web 瀏覽器中所包含的開發人員工具（developer tools）就能輕易檢視請求、回應和相應的承載。舉例來說，向 Attendee API 發出的任何使用者資訊請求，都可能會意外地回傳護照資訊：

```
{
  "values": [
    {
      "id": "0",
      "name": "Danny B",
      "age": 65,
      "email", "danny.b@masteringapis.com",
      "passport": "Abc12408NJUILM"
    },
    {
      "id": "1",
      "name": "Jimmy G",
      "age": 93,
      "email": "jimmy.g@masteringapis.com",
      "passport": "ZYX123ASJJ0072M"
    }
  ]
}
```

在 API 閘道中進行回應驗證是可能的，但建置 API 的人有責任去了解他們對外開放了什麼，並且避免開放應該保密的敏感資料。API 閘道中的任何實作都應該被視為最後的驗證手段（或「belt and braces」這種雙重保險驗證方法的一部分）。你還得確保不會將敏感資料洩露給呼叫端的客戶，例如正在使用的 Web 伺服器版本、或因為當機而產生的應用程式堆疊軌跡（stack trace）。

不當的資產管理。不當的資產管理（improper assets management，*https://oreil.ly/ZViZw*）通常會隨著你系統演變而發生，組織會開始搞不清楚哪些 API（以及哪些版本）有對外開放，或者哪些 API 被設計為僅限內部使用。作為 Attendee API 的一個假想例子，可能有多個版本的 API 被部署到生產環境中，其中早期版本的 API 預設就開放了所有的出席者特性（attendee properties）。隨著資料模型的發展，新增了幾個包含 PII 的私有欄位，當 API 被查詢時，新的那些版本的 Attendee 服務會刪除這些資訊。即使舊版 Attendee 服務不能完全發揮作用，它仍然可以被用來提取資料模型中所包含的額外資訊。

對於 Attendee 服務，一個假想的情況是，/beta/attendees 端點對外公開了。這個早期的版本被開放出來以進行一些測試，然後就被遺忘了。由於資產的對外開放沒有適當的管理，這就沒有被注意到，但攻擊者可能會試著呼叫這個端點。如果所有的 API 訊務都是透過你的閘道來管理的，你應該在其中進行註冊，以知道存在些什麼。你也可以檢查請求，看看有沒有請求對非預期端點進行呼叫的異常狀況。

為了對抗這個問題，可以使用 API 管理平台或開發人員入口網站，對部署到生產中的所有 API 進行分類和追蹤。許多 API Management 解決方案將此視為標準功能，因為它被認為是管理 API 生命週期的一個重要組成部分。

阻斷服務

在 STRIDE 方法中，「D」主要是指 Denial of Service（DoS，阻斷服務）。DoS 攻擊試圖使一個系統或其防禦機制不堪重負，以達成惡意目的。舉例來說，一個過載的防火牆可能預設允許所有的訊務，這使得攻擊者能夠進行之前會被阻止的惡意呼叫。或者不良行為者可能只是想抵制一項關鍵服務的可用性，例如一個投票網站。藉著讓系統的訊務過載，無法提出合法的請求，也就沒有使用者可以投票。OWASP API Top 10 有一個安全議題（*https://oreil.ly/ccNCH*）涵蓋了大量的 DoS 相關內容。

Attendee API 需要滿足你的規模可擴充性（scalability）需求，但它也應該防止流量過載。為了達到這個目的，你可以使用速率限制（rate limiting）和減載（load shedding）的技術。

惡意 DoS 攻擊或分散式 DoS 攻擊最好由專業服務供應商、軟體或硬體處理。舉例來說，許多內容傳遞網路（content delivery network，CDN）供應商預設就包含 DoS 預防功能，大多數公共供應商也提供類似的服務，可以接附到公共網域名稱和 IP 位址。

> 阻斷服務可能是意外發生的，比如「友軍火力 DoS（friendly fire DoS）」，是由你自己的系統造成的。隨著系統的發展，意外地引入循環依存關係是很常見的，在適當的條件下，這可能導致內部服務相互呼叫對方的 API 而陷入無限迴圈。這就是為什麼對內部 API 呼叫實作速率限制和錯誤監控是非常有價值的。

速率限制和減載。速率限制，顧名思義，就是限制一段時間內可以向你 API 發送的請求數量 [10]。速率限制的使用通常是指根據個別請求的特性（來自特定使用者、客戶端應用程式或位置的請求太多）來拒絕訊務。負載削減則是指根據系統的整體狀態（資料庫的容量、沒有更多工作者執行緒可用）來拒絕請求。預設情況下，許多應用程式、Web 伺服器和 API 閘道都沒有實作速率限制或減載，對應的失敗模式可能是未定義的。進行負載測試（load testing）可以深入了解限制、瓶頸和可觀察的反應。

> 了解你的 API 閘道和其他邊緣安全工具是否有「失效開啟（fail open）」或「失效關閉（fail closed）」政策很重要。失效開啟政策將繼續允許對你服務的存取，即使存在失效情況。一個假想的例子是，在醫療急救服務中，提供病人的病史資訊比驗證請求更重要。失效關閉政策是指在失效情況下，連線將被阻斷。沒有一個正確的實作方式，預設的方式應該滿足你的需求。舉例來說，大多數金融 API 都希望預設採用失效關閉政策，而公共氣象服務可能會實作失效開啟政策。

對於本案例研究，實作速率限制的最合適位置會是 API 閘道。為了執行速率限制，你通常會想要識別每個請求（或一組請求）的發起者。範例特性包括 IP 位址、地理位置，或客戶端發送的 client ID。你可能不想針對傳入的某個特性進行限制，而是將所有請求視為平等的。

---

10 其中一位作者 Daniel 撰寫了一系列關於速率限制及其在 API 閘道中應用的文章。該系列的第一篇文章可在網路上查閱：「Part 1: Rate Limiting: A Useful Tool with Distributed Systems」（*https://oreil.ly/2rzHx*）。

一旦選定了一個請求特性（無或其他），需要應用一個策略來進行限制。最常見的例子包括：

固定時間窗口（*Fixed window*）

在一段時間內固定的限制，例如每天 2400 個請求。

滑動時間窗口（*Sliding window*）

過去一段時間內的限制，例如過去一小時內 100 個請求。

權杖貯體（*Token bucket*）

允許有一定數量的總請求（權杖的貯體），每個請求在提出時都需要一個權杖。該貯體會定期重新充填。

滲漏貯體（*Leaky bucket*）

與權杖貯體一樣，但處理請求的速率是固定的；這就是貯體的滲漏（leak）。

你可以在圖 6-4 中看到速率限制的執行。

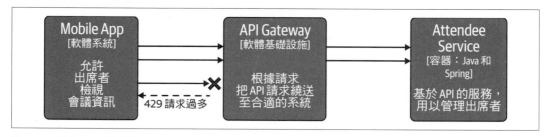

圖 6-4　使用 API 閘道的速率限制範例

減載的範例顯示於圖 6-5。

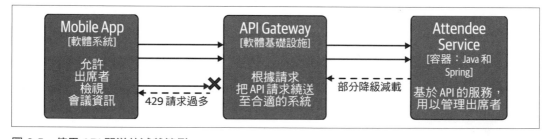

圖 6-5　使用 API 閘道的減載範例

權限提升

STRIDE 的最後一個字母「E」主要是針對「權限提升（Elevation of Privilege）」。當使用者或應用程式找到一種方法來執行任務，而且這個任務在當前安全情境（security context）下應該允許的範圍之外，就會發生這種情況。舉例來說，使用者能夠執行只有管理員才能執行的任務。與此相關的兩個 OWASP Security Top 10 是：

- Broken Object Level Authorization（損壞的物件層級授權，*https://oreil.ly/26Dpz*）
- Broken Function Level Authorization（損壞的函式層級授權，*https://oreil.ly/gPaqN*）

這些都側重於強制施行授權，並確保對你 API 的請求有權執行運算。這在第 187 頁的「授權的強制施行」中有所涵蓋。

安全設定錯誤

安全設定錯誤（security misconfiguration）並不侷限於這些 STRIDE 類別中的任一個，因為錯誤配置可能發生在多個地方，如資訊洩露，其中有權限被錯誤指定，或在阻斷服務中，一個限速政策被錯誤設定為失效開啟。安全設定錯誤專注在確保你所擁有的安全設定沒有被錯誤地配置，這是你在評估 STRIDE 每個元素的威脅時必須考慮的另一重點。一個不爭的事實是，錯誤設定的安全性比完全沒有安全性更糟糕，因為當使用者認為他們的動作和資料不安全時，他們的行為會截然不同。有一些安全功能是你最有可能一直都想要的，如 TLS（Transport Layer Security，傳輸層安全），還有一些可能是為 API 或某個設定特製的，如 IP 允許清單（allowlisting）[11]。

在我們的案例研究中，API 閘道是安全設定錯誤可能會產生災難性影響的關鍵地點。必須特別注意其組態設定，因為 API 閘道就像「前門」一般。

TLS 終止（termination）。TLS 會確保你收到的訊務沒有被攔截或修改。另外，TLS 憑證提供了關於網域所有者的資訊，所以你可以對你聯繫之人的身分更有信心。由於 API 閘道會處理所有傳入的訊務，在此可以啟用 TLS。有一個集中的位置來管理傳入請求的外部 TLS 憑證也很方便。比較起來，不使用閘道時，TLS 憑證需要添加到處理請求訊務的每個 Web 伺服器、代理和應用程式中，會更難管理，也更容易出錯。使用現代協定和強大的加密技術是很重要的，在撰寫本文時，由於已知該協定早期版本存在問題，建議使用 TLS 1.2 或更高版本 [12]。

---

11 IP 允許清單（allowlists）是允許連線到你系統的 IP 列表。如果要求連線的 IP 不在該清單中，那麼該請求就會被拒絕。

12 大多數商業 API 閘道預設只允許使用當前版本的 TLS，所以如果必要的話，你需要啟用已知有安全漏洞的較弱版本。

Cross-Origin Resource Sharing（CORS，跨來源資源共享）。CORS 是一種基於 HTTP 標頭的機制，它允許伺服器指出除其自身之外的任何來源（網域、scheme 或通訊埠），瀏覽器應允許從這些來源載入資源。支援 CORS 是任何現代 Web 瀏覽器的一個核心需求，但出於安全考量，瀏覽器限制從指令稿（scripts）發起的跨來源 HTTP 請求。CORS 的運作原理是，Web 瀏覽器執行「預檢（preflight）」請求，看它是否被允許進行所需的呼叫。你可以查看瀏覽器的「Developer Tools」功能來探索這一點。在「Network Calls」的部分，你通常可以看到 HTTP Options 請求；這些通常就是 CORS 請求 [13]。

安全指示強化（security directive hardening）。對 API 端點的請求可以包含一個任意的承載（payload），包括標頭（headers）和資料承載（data payload）。雖然所有真正的請求都會與你預期的契約相對應，但攻擊者可以添加未知的、不正確或格式錯誤的標頭和資料，試圖獲得存取權或以其他方式危害你的系統。必須採取行動來緩解這種情況。舉例來說，在我們的案例研究中，你會想要考慮在 API 閘道中實作一個 HTTP 標頭允許清單（allowlist），並移除所有無效的 HTTP 標頭。攻擊者可以把額外的 HTTP 標頭送至 Attendee API，如 `X-Assert-Role=Admin` 或 `X-Impersonate=Admin`。攻擊者希望這些標頭資訊不會被刪除並在內部使用，這可能會取得一些額外的權限。

Step 5：評估威脅風險

當你進行自己的威脅建模並最終得到一個威脅清單時，了解修復它們的優先順序是很重要的。這就是威脅建模過程中第五步的內容。為了評估威脅，你可以採用一種被稱為 DREAD 的定性風險計算（qualitative risk calculation）方式。就跟 STRIDE 一樣，DREAD 是在 Microsoft 開發的。這種方法論為你提供了開始為威脅添加風險值的一種途徑。儘管 DREAD 不再被 Microsoft 所用，但它仍然被許多公司使用，並作為一種建立威脅風險指標的實用方法進行推廣。

DREAD 有一個基於其縮寫的簡單評分系統：

Damage（損害）

攻擊的危害有多嚴重？

Reproducibility（可重現性）

攻擊是否可以輕易重現？

---

13 要閱讀 CORS 的完整解釋，你可以看看 Mozilla 的這篇文章（*https://oreil.ly/k70rh*）。

Exploitability（可利用性）

發動成功的攻擊有多容易？

Affected Users（受影響的使用者）

有多少使用者受到影響？

Discoverability（可發現性）

這種威脅被發現的可能性有多大？

每個威脅都根據這些 DREAD 類別進行評分，其中每個類別的得分為 1 到 10 分。指定給一個威脅的風險值（risk value）是：(Damage + Reproducibility + Exploitability + Affected User + Discoverability) / 5。

在我們案例研究的這個例子中，你將看到圖 6-6 所示的威脅。這個威脅是針對沒有速率限制的 API 閘道的 DDoS 攻擊。

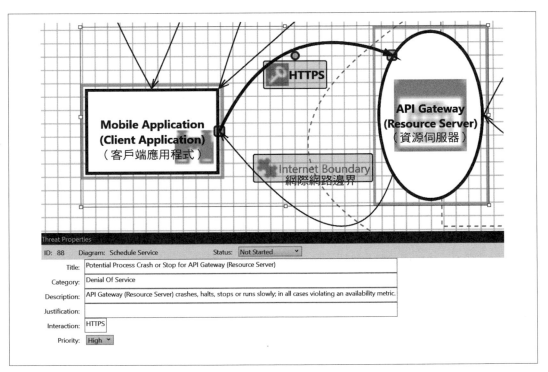

圖 6-6　TCP spoofing 威脅的資料流程圖

以下是這個威脅的分數：

Damage：8

沒有安排速率限制。這是一個值得關注的嚴重問題，因為它允許任何人向 API 閘道發送任意數量的請求，並有可能使其超載而無法使用。

Reproducibility：8

反覆呼叫 API 閘道，每秒鐘都有很多請求，這將使閘道開始降級，並最終停止工作。

Exploitability：5

攻擊者可以在我們的網路之外開始嘗試進行 DoS 攻擊。API 閘道首先檢查認證和授權以執行請求。這意味著請求必須來自與我們系統整合的合法、且已知的客戶端應用程式之一。

Affected Users：10

這可能會造成毀滅性的影響，因為如果閘道不可用，就會影響我們所有的使用者。

Discoverability：10

這對於任何想要利用並對我們系統造成損害的人來說都很容易發現。

總分為：(8 + 8 + 5 + 10 + 10) / 5 = 8.2

值得注意的是，指定給風險的數值是主觀的。為了獲得某種程度上一致的評級，對於每個類別，你都應該定義這些數值的含義——例如，如果所有的使用者都受到影響，得分就是 10；如果所有的內部使用者或所有的外部使用者都受到影響，得分為 7 分；若有一半的人受到影響，得分是 3；如果沒有人受到影響，得分為 0。

對於案例研究，所有識別出來的威脅都會被蒐集起來、評分，然後排出優先順序。在此最優先的項目是 API 閘道缺乏 DDoS 防護。正如你在本節看到的那樣，這個問題的緩解措施是在 API 閘道中實作速率限制和負載削減。

Step 6：驗證

威脅建模過程的第六步，也是最後一步，是驗證你的安全目標是否完成，並詢問是否需要再次審查。作為威脅建模的一部分，你應該已經評估過所有被發現且識別出來的威脅，並採取了行動來減輕風險。你也要確保已經達成了在威脅建模工作開始時設定的安全目標。威脅建模應該是一個遞迴程序（recursive process），每次執行該程序都會發現以前未知的問題。你還應該定期且持續執行威脅建模程序，特別是在將新功能添加到系統時，而且隨著外部威脅環境變化而不斷演進。

威脅建模是一種技能，學習這個過程本身需要時間，而且也很耗時。然而，就跟任何技能一樣，它被使用得越多並被整合到你常規工作流程中，它就會變得越容易。

總結

在本章中，你已經學會了如何進行一次威脅建模練習，既針對案例研究，又學到如何將其應用於你自己的系統和 API。

- 如果不能保證 API 的安全，就會受到嚴重的財務懲罰和聲譽損害。
- 基於 API 的系統之威脅建模通常從建立一個資料流程圖（DFD）開始。可以使用自動化工具，以便快速分析和識別潛在的威脅。

- 你不需要成為安全專家才能進行威脅建模，一項關鍵技能是「像攻擊者一樣思考」。

- 威脅建模的過程包括：確定你的目標、蒐集正確的資訊、分解系統、識別威脅、評估那些威脅的風險，並驗證結果和行動。

- OWASP API Security Top 10 是一項很好的資源，能藉以了解你可以預期的威脅。

- STRIDE 方法論將你的行動集中在假冒、竄改、否認、資訊洩露、阻斷服務和權限提升等威脅之上。

- DREAD 方法論可以用來計算一種定性的風險指標（qualitative risk metric），幫助你排出優先順序，知道哪些威脅需要先緩解。

- 在一個基於 API 的系統中，API 閘道通常可以為已經識別出來的風險提供高階的緩解措施。然而，隨著系統變得更加分散，你應該始終考慮個別服務的實作和服務間的通訊。

你已經看到了存在的各種威脅以及緩解這些威脅的方式。然而，當你回傳資料給 API 的消費者，你會想要確保他們是他們所說的人，而且 API 的消費者只能進行他們有權限的運算。要想知道你如何識別呼叫者是誰以及他們能做什麼，你將在下一章深入研究認證和授權。

第七章

API 認證與授權

在上一章中，你學到了如何對基於 API 的系統進行威脅建模，以及 OWASP API Security Top 10 的相關知識。Attendee API 已經準備好接收來自外部世界的訊務；然而，究竟如何識別 API 的消費者呢？在本章中，我們將探討 API 的認證（authentication）和授權（authorization）。認證告訴我們呼叫者是誰，授權告訴我們他們被允許做什麼。

我們將首先強調什麼是 API 的認證和授權。這帶出了確保 API 安全的重要性，以及使用 API 金鑰（keys）和權杖（tokens）的潛在限制。OAuth2 是一個基於權杖的授權框架，於 2012 年推出，並迅速成為確保 API 安全和判斷應用程式可以對 API 執行哪些運算的業界標準。本章的大部分內容都會聚焦在 OAuth2、以及為終端使用者和基於系統的互動所提供的一系列安全做法。API 的消費者有時需要知道他們所代表的使用者的詳細資訊，為了顯示如何達成此一目標，我們將介紹 OIDC。

本章將透過為 CFP 系統的外部使用讓 Attendee API 做好準備的過程，來說明保障安全性的不同做法。

認證

認證是核實身分（identity）的行為。就使用者而言，最傳統的方法是讓使用者以使用者名稱（username）和密碼（password）的形式，出示他們的證明資訊（credentials）。現在越來越常見的是，Multi-Factor Authentication（MFA，多因素認證，*https://oreil. ly/4WQkd*）成為了標準登入（login）流程的一部分。MFA 對於提供更高階的保證，確保使用者是他們所說的那個人來說是很有用的。對於機器對機器的認證，證明資訊可以是金鑰（keys）或憑證（certificates）的形式。藉由驗證所提交的證明資訊上的身分，我們就知道誰在試圖與我們的系統進行通訊。

讓我們在 Attendee 服務的背景之下檢視這個問題。Attendee API 包含可識別個人的資訊（personally identifiable information，PII），如姓名和電子郵件位址，使用者希望這些資訊得到保護。為了保護這些資訊，第一步是質疑並識別 API 呼叫者的身分。斷言這一身分的正確性被稱為認證（authentication）。一旦呼叫者通過認證，Attendee API 就能確定呼叫者被允許存取和檢索的內容：這種類型的權限檢查（entitlement checking）就是授權（authorization）。

圖 7-1 展示了與 Attendee API 的互動。行動應用程式（mobile application）透過 API 閘道連線並查詢 Attendee API。另一個源自 CFP 系統的互動也依循類似的路徑，然而 CFP 系統是由第三方所擁有的。讓我們考慮一下對終端使用者（行動應用程式的使用者和 CFP 系統的講者）和系統對系統互動（CFP 系統）進行認證的選項。

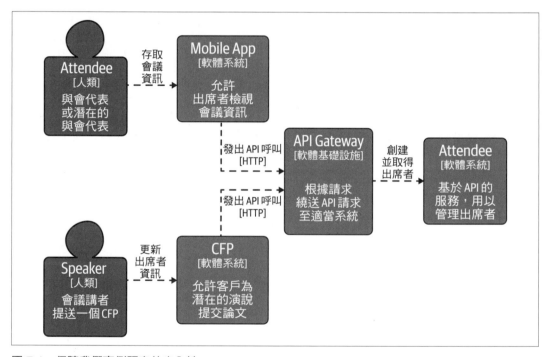

圖 7-1 保障我們案例研究的安全性

使用權杖的終端使用者認證

行動應用程式代表出席者行事,檢索並顯示有關出席者的資訊。在基於權杖的認證 (token-based authentication)中,使用者將輸入他們的使用者名稱和密碼,用以換取一個權杖(token)。所發出的權杖取決於實作方式,但在最簡單的情況下,它可能是一個不透明的字串(opaque string)。此權杖在 REST 請求中作為 Authentication Bearer 標頭的一部分發送(*https://oreil.ly/cU6Al*)。權杖是敏感資訊的,所以重要的是 REST 請求要透過 HTTPS 送出,以確保傳輸中的資訊安全。一旦收到作為請求一部分的權杖,就會對其進行檢查和驗證,以確認權杖的有效性。圖 7-2 展示了具有歷史意義的典型權杖查找(token lookup)過程,其中權杖被儲存在資料庫中。

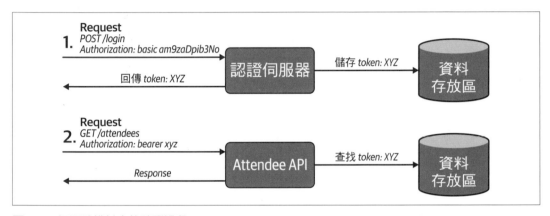

圖 7-2　伺服端權杖查找驗證過程

權杖的生命週期應有時間限制,例如一個小時,在權杖過期後,使用者就得獲取一個新的權杖。權杖的好處是,長期存在的證明資訊,如密碼,不會隨著每個存取資源的請求穿越網路。

表面上看來,權杖似乎很理想,但有一個主要的缺點是使用者必須在呼叫 API 的應用程式中輸入使用者名稱和密碼,以取得他們要的資料。此外,當權杖被放到儲存區時,每次查找權杖以檢查其有效性可能會導致效能問題,需要加以緩解。最好的辦法是使用一個具有完整性(integrity)的權杖,並且可以在行程中(in-process)進行驗證。

使用 HTTP Basic 存取 API 是可能的，但是，如果第三方應用程式要求作為你的代表存取 API，這意味著要交出你的使用者名稱和密碼[1]。我們建議你不允許使用 HTTP Basic 來存取你的 API。

系統對系統的認證

在某些情況下，終端使用者不參與互動，需要系統與系統之間的通訊。一種選擇是使用 API 金鑰（API key），它不符合任何特定的標準。只要你有使用 API 金鑰，無論何時它都應該是安全的，也就是說，它應該使用密碼學上安全的隨機數產生器來生成，而且長度無法猜測。通常，API 金鑰是 32 個字元長的字串（256 位元）。如果 API 金鑰是可猜測的（短且確定性的），這就產生了客戶端被駭的安全弱點。要以一個 API 金鑰存取 API，你只需把 API 金鑰添加到請求標頭中，並將其發送到端點[2]。API 金鑰與應用程式或專案相關聯，因此有可能識別請求者[3]。圖 7-3 展示了將 API 金鑰作為請求一部分的範例。

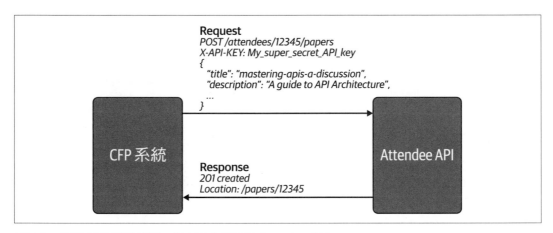

圖 7-3　外部 CFP 系統使用一個 API 金鑰呼叫 Attendee API

1　如果你不知道什麼是 HTTP Basic，請參閱規格 rfc7617（*https://oreil.ly/NAKYY*）。

2　請求標頭是一個自訂的標頭（custom header，例如 X-API-KEY: My_super_secret_API_Key）或授權標頭（authorization header）。

3　Google 在這方面有一篇很好的文章（*https://oreil.ly/fraOb*）。

為什麼你不應該把金鑰和使用者混在一起？

請考慮這樣的一種情況：一位講者正在使用由第三方擁有的 CFP 系統，而此 CFP 請求更新與該名使用者資料關聯的電子郵件位址。僅僅因為 CFP 系統使用 API 金鑰並可以被識別，並不意味著這個第三方系統應該能夠斷言終端使用者是誰，或者他們代表誰採取行動。這就把整個系統的信任交到了第三方的手中。解決此問題的一個辦法是，CFP 系統也會把使用者的使用者名稱和密碼（使用 HTTP Basic）連同 API 金鑰一起傳遞給 Attendee 服務，以便對使用者進行認證。然而，正如我們已經警告過的，這表示使用者必須把他們在 Attendee 服務的使用者名稱和密碼交給 CFP 系統，這是不可取的。理想的情況是，CFP 系統可以呼叫 Attendee 服務，但 CFP 系統代表使用者執行的任何請求都不需要分享證明資訊，而且是在使用者明確批准之下進行的。這個問題的解決方案實質上就是使用 OAuth2。

OAuth2

OAuth2 是一個基於權杖的授權框架（token-based authorization framework），自 2012 年以來就存在。它取代了 OAuth（*https://oreil.ly/hQl1g*），後者仍然存在，但是只被用於極少數的地方。OAuth2 允許使用者同意第三方應用程式能代表他們存取他們的資料。使用者的同意（consent）就是授權——他們允許或拒絕存取。OAuth2 消除了使用者將其證明資訊交給第三方的需要，這讓使用者得以控制他們的資料。這使得 OAuth2 很有吸引力，因為它能應對上一節中所面臨的挑戰。

為了進一步探索 OAuth2，首先必須了解 OAuth2 規格中的不同角色（roles）。這些定義直接取自 OAuth2 規格（*https://oreil.ly/I9I6b*）：

Resource Owner（資源所有者）

> 一個實體，能夠授予權限來存取受保護的資源。當資源所有者是一個人類時，它被稱為終端使用者（end-user）。

Authorization Server（授權伺服器）

> 這個伺服器在成功認證資源所有者並獲得授權後，向客戶端發放存取權杖（access tokens）。大多數的身分識別提供者（identity providers），如 Google 或 Auth0，都會是 OAuth2 授權伺服器。

Client（客戶端）

代表資源所有者並經其授權而發出受保護資源請求的應用程式。

Resource Server（資源伺服器）

託管受保護資源的伺服器，能夠接受和回應使用存取權杖進行的受保護資源請求。

API 互動中的授權伺服器角色

授權伺服器有兩個端點：

- 授權端點（authorization endpoint）在資源所有者需要授權對受保護的資源之存取時使用。

- 權杖端點（token endpoint）被客戶端用來獲取存取權杖。

如果 Attendee 服務被客戶端直接呼叫，那麼 Attendee 服務就會是資源伺服器，因為它正在託管受保護的資源。然而，資源伺服器不一定得是個別的應用程式；它可以代表一個完整的系統。一種流行的模式是使用 API 閘道作為資源伺服器，如圖 7-4 中所示。兩個客戶端、行動應用程式和 CFP 系統，透過 API 閘道呼叫 Attendee 服務。API 閘道後面可能有多個服務，但對客戶端來說，API 閘道仍然會是資源伺服器，因為它是受保護資源的託管者。在這種情況下，兩名資源所有者分別是使用行動應用程式的出席者和使用 CFP 系統的講者。

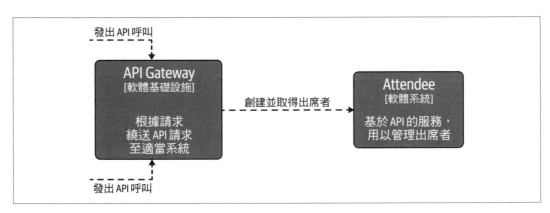

圖 7-4　作為資源伺服器的 API 閘道

JSON Web Tokens (JWT)

JavaScript Object Notation（JSON）Web Tokens 是一種 RFC 標準化（*https://oreil.ly/9AAYt*）的權杖格式，是 OAuth2 的公認標準權杖。一個 JSON Web Token，也被稱為 JWT（發音為「jot」），由聲明（claims）組成，這些聲明有關聯的值。JWT 的結構和編碼（encoded）採用了標準，以確保權杖是不可修改的，另外還可以進行加密。它們對於「空間受限的環境（space constrained environments）」，如 HTTP Authorization 標頭中的資訊傳輸特別有用（*https://oreil.ly/hArh0*）。

這裡有一個範例 JWT：

```
{
    "iss": "http://mastering-api/",
    "sub": "18f913b1-7a9d-47e6-a062-5381d1e21ffa",
    "aud": "Attendee-Service",
    "exp": 1618146900,
    "nbf": 1618144200,
    "iat": 1618144200,
    "jti": "4d13ba71-54e4-4583-9458-562cbf0ba4e4"
}
```

在這個例子中，聲明是 iss、sub、aud、exp、nbf、iat 與 jti，這些都是 JWT RFC 中的保留聲明（reserved claims）。保留的聲明有特殊的含義。它們在權杖中不是強制性（mandatory）的，但提供了最起碼的資訊量作為一個起點。看看我們的範例權杖，讓我們列出這些聲明縮寫（claim abbreviations）是什麼，以及它們通常如何使用：

iss（*Issuer*，發行者）

> 簽發該權杖的機構。這通常是一個身分提供者（identity provider，例如 Google 或 Auth0）。

sub（*Subject*，主體）

> 一個唯一識別碼（unique identifier），用於識別 JWT 的委託人（principal）。如果是代表使用者行事的行動應用程式，這就會是出席者（例如 Matthew Auburn）；如果是伺服器對伺服器的連線，這可能是應用程式（例如 CFP 系統）[4]。主體值不遵循任何格式，如果你要定義主體應該是什麼，你必須決定它在你的系統內是否應該是唯一的，還是普遍唯一的（例如使用 UUID（*https://oreil.ly/NmTRn*））。

---

[4] 電子郵件或使用者名稱通常不是好選擇，因為使用者會隨著時間的推移修改這些資訊。擁有一個一致的識別碼，管理起來會更簡單。

aud（*Audience*，受眾）

　　本權杖的目標使用者。

exp（*Expiration time*，過期時間）

　　權杖何時過期（在本例中是發行後 45 分鐘）。

nbf（*Not before*，不早於）

　　權杖不應該在這個時間之前使用（此例中與發行時間相同）。

iat（*Issued at*，發行於）

　　權杖的發行時間。

jti（*JWT ID*）

　　JWT 的唯一識別碼。

　　權杖可以包含更多的資訊，如使用者的首選名稱、電子郵件、關於發行方的聲明，以及哪個應用程式請求了權杖。對於高安全性的 API 來說，很常見的是，授權伺服器的認證方法是一個聲明，可用來檢查資源所有者是否使用了 MFA 來認證自己。

編碼和驗證 JSON Web Token

JWT 有兩種流行的編碼機制，它們各自擁有自己的格式：

- JSON Web Signatures（JWS，JSON Web 簽章，*https://oreil.ly/SOfsT*）為 JWT 提供了完整性（integrity）。收到權杖的任何人都可以看到權杖的內容；但是，聲明經過數位簽署（digitally signed），這確保了如果權杖的內容被改變，權杖會立即失效。

- JSON Web Encryption（JWE，JSON Web 加密，*https://oreil.ly/ZHlfR*）提供完整性，但也經過加密。這意味著權杖的內容不能被檢視。

　　一般來說，使用 JWT 時，代表的是用了 JWS 的 JWT，而 Encrypted JWT 代表用了 JWE 的 JWT。

最常用的機制是 JWS，其中數位簽署是使用私密金鑰（private key）進行的。公開金鑰（public key）則被權杖的接收者用來驗證權杖是由特定的發行方所簽署的。公開金鑰可與需要驗證權杖完整性的任何一方自由共享。

 如果你是以 JWS 的方式使用 JWT，你就不應該把機密資料放入聲明值中。JWS 為聲明提供完整性，但擁有 JWT 的任何人都可以閱讀聲明。為了確保 JWT 無法閱讀，請使用 JWE。

JWT 是權杖格式很不錯的選擇。API 服務消耗 JWT，藉由驗證簽章來驗證它，並且不需要在資料庫中查找權杖。由於存取權杖（最有可能）來自於在你控制之下的授權伺服器，你可以在 JWT 中添加你預期或必要的所有資訊。

收到 JWT 時，有多個部分需要驗證。首先，檢查簽章以確認它是由預期的一方所發出，而且沒有被修改或竄改。然後，應該驗證權杖中的其他聲明，例如檢查權杖是否過期（exp claim）或權杖是否在允許使用之前被使用（nbf claim）。發行的所有權杖都應該只是短暫有效；長期有效的權杖如果丟失或被盜就會有風險。就長效斷言（long-lived assertions）這個主題，NIST（美國國家標準暨技術研究院，*https://www.nist.gov*）Digital Guidelines 指出：

> 長期有效的斷言有更大風險被竊取或遭受回放攻擊（*replayed*）；生命週期較短的斷言可以減輕這種風險。

對於短命或長命權杖的有效期限，並沒有官方標準存在。通常建議短效權杖的壽命在 1 到 60 分鐘之間，而長效權杖的壽命則在一年到十年之間。建議你盡可能縮短權杖的生命週期。

使用 JWT 作為存取權杖有很多優點。現在讓我們來看看它們在 OAuth2 中的用法。

OAuth2 授予方式的術語和機制

OAuth2 的設計是可擴充的。官方的 OAuth2 規格在 2012 年釋出，有四種授予方式（grants），此後又有額外的授予方式和修改被批准，以擴大其使用範圍。這之所以可能，是因為 OAuth2 提出了一個抽象協定（*https://oreil.ly/BSldZ*），如圖 7-5 所示：

A. 客戶端向資源所有者請求授權。

B. 資源所有者將授予或拒絕客戶端對其資源的存取。

C. 客戶端將要求授權伺服器為它所獲得的授權提供一個存取權杖。

D. 如果客戶端已經得到資源所有者的授權，授權伺服器就會發出一個存取權杖。

E. 客戶端向資源伺服器發出資源請求，在我們的例子中，資源伺服器就是 API。請求過程中，會把存取權杖作為請求的一部分發送。

F. 如果存取權杖有效，資源伺服器將回傳該資源。

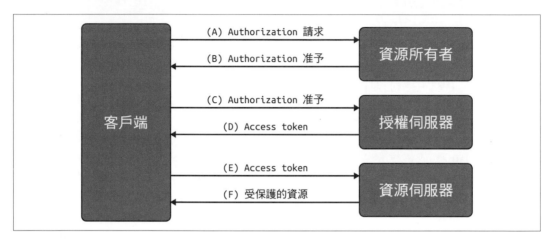

圖 7-5　抽象協定的流程

這個關於 OAuth2 授予應該如何進行的抽象協定，強調了資源所有者對他們自己的資源有控制權。客戶端向資源所有者請求授權，即「我（應用程式）能否代表你存取你的資源？」。賦予授權的方式並不重要。重要的是，資源所有者有機會授予或拒絕存取。向資源伺服器請求資源時（也就是呼叫 API 的時候），客戶端如何獲得存取權杖並不重要。只要請求包含一個有效的存取權杖，資源伺服器就會發出資源。每個步驟都是獨立的，不需要前一步驟的資訊。這就是為什麼不同的場景會有不同的授予方式，因為它們有自己的實作來確保這些步驟對該環境是安全的。

ADR 指導方針：我應該考慮使用 OAuth2 嗎？

重要的是，你要了解採用 OAuth2 的原因，以及它是否是你正確的選擇。為了幫助你做出決定，請使用這個 ADR 指導方針（見表 7-1）來協助你判斷什麼是適合你的，以及你可能要進行的對話。

表 7-1 　ADR 指導方針：我是否需要使用 OAuth2 ？

決策	是否應該使用 OAuth2，還是有其他的認證和授權標準是營運環境的首選？
討論重點	開始使用 API 時，你有機會決定或影響它們的安全機制： • 檢視當前的安全需求以及事情可能發生的潛在變化。舉例來說，API 只是在控制平面內使用，還是也在控制平面外或可能與第三方一起使用？ • 你被預期要支援什麼安全模型？外部整合商是否要求你使用某種安全模型？ • 你需要支援多種認證和授權模型嗎？如果你想從一個現有的認證模型遷移到另一個，這一點就很重要。
建議	使用 OAuth2 將提供和其他 API 使用者的最大相容性。它是一個業界標準，有說明文件和客戶端程式庫，便於整合。OAuth2 同時支援終端使用者和系統對系統的使用案例。

Authorization Code Grant

Authorization Code Grant（Auth Code Grant，*https://oreil.ly/CqMhB*）是 OAuth2 授予方式（grant）的一個實作；它是你之前在圖 7-5 中看到的抽象協定的一個實作。這是最著名的一種授予方式，你很可能在不知不覺中使用了它[5]。Authorization Code Grant 的典型用例是一個由伺服器支援的網站，它不向網際網路公開（即它可以保護祕密）。一個可以保護祕密的客戶端應用程式被稱為保密客戶端（confidential client）。圖 7-6 更詳細地描述了授予的運作方式。

A. 客戶端應用程式將 Web 瀏覽器（圖中的 User Agent 就是 Web 瀏覽器）引導到授權伺服器。朝向授權伺服器的重導（redirect）將包括客戶端的識別碼（一個 client ID），作為重導的一部分，它也含有正在使用何種授予的資訊（在此，Authorization Code Grant 被稱為 code）。

B. 授權伺服器要求資源所有者（終端使用者）確認自己的身分。授權伺服器需要知道資源所有者是誰，所以資源所有者需要接受授權伺服器的認證。然後，如果資源所有者准予客戶端應用程式的授權，授權伺服器才能從資源所有者那裡得到同意（Authorization Code Grant 的步驟 A 和 B 都是關於授權請求的；這在圖 7-5 的抽象協定中顯示為一個步驟 (A)）。

5　一個典型的情況是，你在使用 LinkedIn 時，LinkedIn 請求存取你的 GMail 聯絡人。LinkedIn 將你重導到 Google，你登入到你的 Google 帳戶。然後你會看到一條訊息說「LinkedIn 想存取你的電子郵件聯絡人」。你接受後，LinkedIn 就能存取你的電子郵件。

C. 假設授權被准許，一段授權碼（authorization code）將透過 User Agent 傳遞給客戶端應用程式（這一步與抽象協定的步驟 B 相吻合，它顯示了回傳的授權許可）。

D. 然後，客戶端會出示授權碼給授權伺服器以請求一個存取權杖。授權伺服器不能隨便接受任何人的授權碼。客戶端應用程式必須透過授權伺服器和客戶端應用程式都知道的一個祕密，向授權伺服器認證自己（在抽象協定中，這就是步驟 C，其中授權許可被發送到授權伺服器上進行交換）。

E. 如果客戶端應用程式成功通過認證並出示了有效的授權碼，它將被授予一個存取權杖（這一步與抽象協定中的步驟 D 一致，存取權杖在此發出）。

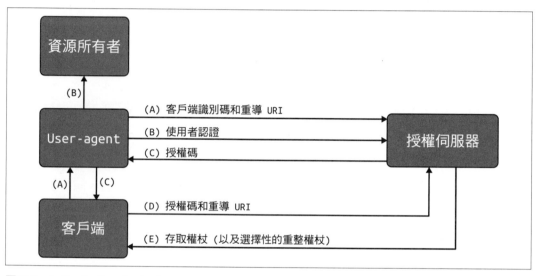

圖 7-6　Authorization Code Grant

這種解決方案的效果非常好，是 Web 應用程式的預設模型。然而，網站的世界已經發生了變化，現在有了 Single Page Application（SPA，單頁應用程式）。SPA 網站以 JavaScript 為基礎，在使用者的瀏覽器中運行，這意味著原始碼是完全可以讓使用者看的。這也意味著，OAuth2 客戶端的 SPA 不能保護祕密，而被稱為公開客戶端（public client），所以單純像這樣使用 Auth Code Grant 是不可能的。

Authorization Code Grant（+ PKCE）

這時，你會使用 Authorization Code Grant + PKCE（*https://oreil.ly/Kb0r2*），這允許你為 SPA 應用程式使用 OAuth2。PKCE 代表 Proof Key for Code Exchange，用於緩解攔截攻擊（interception attacks）。在 Auth Code Grant + PKCE 授予中，需要兩個額外的參數：一個用於授權請求，即 code_challenge，另一個用於存取權杖請求，即 code_verifier。code_verifier 是由客戶端生成的一個密碼學隨機字串，而 code_challenge 是 code_verifier 的雜湊值（hashed value）。當客戶端應用程式向授權伺服器發起請求時，它會送出 code_challenge，而請求的是存取權杖時，授權碼將與 code_verifier 一起出示。授權伺服器可以對 code_verifier 進行雜湊運算，以檢查它是否與用來發起權杖請求的 code_challenge 相匹配。這個擴充功能使得授予過程更加安全，因為只有原本的客戶才擁有 code_verifier；這就防止了授權碼被攔截並被調換以取得存取權杖的攻擊。我們可以在圖 7-7 中看到這種授予的動作。

A. 授權請求被提出後，code_verifier 被發送到授權伺服器上。在圖中 t(code_verifier) 是 code_verifier 轉為 code_challenge 的變換（transformation），t_m 是變換方法（transformation method，如前所述，這是一個雜湊運算）。

B. 就像在 Authorization Code Grant 中一樣，會回傳一個授權碼。

C. 客戶端透過發送授權請求來請求存取權杖，授權請求是授權碼和 code_verifier。由於這是一個公開客戶端，所以沒有送出任何的客戶端祕密。

D. 然後，存取權杖被發放給客戶端應用程式。

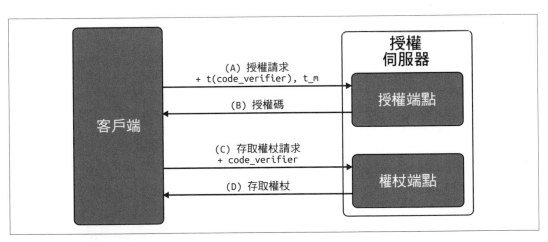

圖 7-7　Authorization Code Grant + PKCE

查看這些步驟時，你可能會想知道這如何對映回沒有 PKCE 的 Authorization Code Grant。此圖看起來與圖 7-6 不同，但唯一的真正差異是第一步，即步驟 A。在圖 7-7 的步驟 A 中，都是關於授權請求的（就像抽象協定的步驟 A 中一樣），其過程將與 Authorization Code Grant 中的步驟 A 和步驟 B 相同。

> PKCE 必須用於公開客戶端。然而，你也可以將 PKCE 用於保密客戶端，以提供額外保護。

當你的使用情境中有終端使用者存在，Authorization Code Grant 及其 PKCE 擴充功能都會在常見的大部分情況下，為你的公開和保密客戶端發揮作用。

案例研究：藉由 Authorization Code Grant 存取 Attendee API

有兩個客戶端應用程式用來存取 Attendee API。這兩個應用程式都將使用 Authorization Code Grant 代表使用者（資源所有者）存取 Attendee API。外部 CFP 系統是一個保密客戶端（confidential client）。此客戶端可以保持機密，這意味著能夠使用 Authorization Code Grant。行動應用程式是一個公開客戶端（public client），它無法保有機密性，因此必須使用 Authorization Code Grant +PKCE。圖 7-8 顯示了外部 CFP 系統和行動應用程式請求存取權杖，並用它們來存取 Attendee 服務的步驟。這也凸顯出了使用 PKCE 並沒有改變所採取的高階步驟或使用者的歷程。

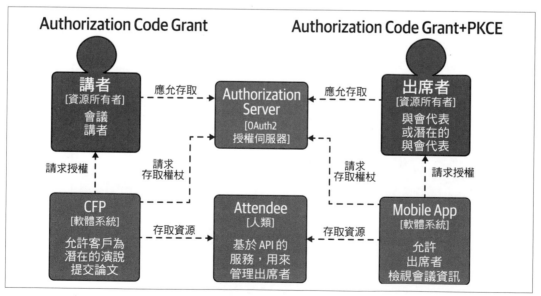

圖 7-8　應用於我們案例研究的 Authorization Code Grant

重整權杖

簽發短期的權杖是很好的做法;然而,要求使用者重新輸入他們的使用者名稱和密碼,很快就會成為一種不悅的體驗。重整權杖是一種長效的權杖(long-lived token),當前一個權杖過期時,客戶端就會用它來請求額外的存取權杖。重整權杖作為授權請求的一部分被請求,這意味著終端使用者不參與進一步的權杖請求。作為最新安全最佳實務做法的一部分(*https://oreil.ly/veXgR*),檢測到一個重整權杖被第二次使用,就會立即撤銷使用中的重整權杖。重整權杖是一種額外的證明資訊(credential),而且有長期效用,所以保障這些權杖的安全且不被洩露是很重要的。任何時候需要拒絕一個客戶端的存取,包括資源所有者不希望客戶端進一步存取他們的資源,重整權杖都可以被撤銷。下次客戶端應用程式請求一個新的存取權杖時(這些權杖是短暫的),他們將被制止。這意味著可能會有一個時間窗口,其中客戶端有一個有效的存取權杖,但不應該有存取權限。這就是擁有短效權杖很重要的原因。

Client Credentials Grant

Client Credentials Grant(*https://oreil.ly/6GA8r*)的客戶端是一個保密客戶端,因為它需要保守祕密。由於這用於機器對機器的通訊,連線是事先設定好的,而存取(客戶端被授權做什麼)也應預先安排好。

如圖 7-9 所示,客戶端獲得存取權杖的過程非常簡單明瞭 [6]。

A. 客戶端應用程式向授權伺服器認證,並請求一個存取權杖。客戶端還識別出正在使用的授予方式,即 `client_credentials`。

B. 如果客戶端應用程式成功認證,授權伺服器會回傳一個存取權杖。

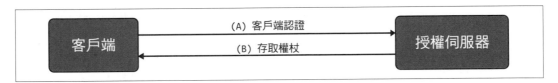

圖 7-9　Client Credentials Grant

此並不存在額外的步驟,因為沒有資源所有者來給予許可。客戶端是以自己的名義行事,所以只需要識別自己的身分。

6　如果你想進一步了解如何為客戶端應用程式獲取存取權杖的過程增加更多的安全性,請參閱 RFC8705(*https://oreil.ly/kQGTQ*)。該規格使用 Mutual TLS 而不是祕密字串來獲取存取權杖。

案例研究：藉由 Client Credentials Grant 從 CFP 系統存取 Attendee API

外部 CFP 系統每三個月產生一份報告，顯示有多少出席者繼續提交演講並成為講者。該報告的生成並非代表出席者進行，而是為外部 CFP 系統進行的。客戶端（外部 CFP 系統）已在授權伺服器上註冊[7]。在 Attendee 服務中，客戶端被添加到可以存取該服務的客戶端清單中，並被設定為能夠讀取出席者的資訊，並查詢哪些使用者已經提交了演講——這就是預先安排的存取。客戶端想要存取 Attendee API 時，它會從授權伺服器請求一個存取權杖，然後在呼叫 Attendee API 時使用該存取權杖。

你現在已經看到了如何使用 OAuth2 進行機器對機器的通訊，但如果你的使用案例到目前為止還沒有涵蓋到，那怎麼辦？

 重整權杖不與 Client Credentials Grant 一起使用，而是讓客戶端請求一個新的存取權杖。

額外的 OAuth2 授予方式

除了前面討論的兩種，還有更多的 OAuth2 授予方式可用。這裡列出了其他可用的標準授予方式，但我們不會進一步詳細探討它們：

- Device Authorization Grant 用於輸入受限或缺乏瀏覽器的裝置。這使得它對 IoT 裝置很有用，比如你的智慧冰箱或 Raspberry Pi 專案。

- Implicit Grant 通常用於 SPA，但它已被 Authorization Code Grant + PKCE 所取代。

- Resource Owner Password Credentials Grant 在歷史上被用作 HTTP Basic 的墊腳石，以讓客戶端應用程式能夠開始使用 OAuth2。我們建議不要使用這種授予方式。

ADR 指導方針：選擇支援哪些 OAuth2 授予方式

正如我們所看到的，OAuth2 有許多授予方式（grants）。挑選適合你情況或你想支援的授予方式是很重要的。表 7-2 中的 ADR 指導方針，提供了挑選授予方式之前應該考量的討論重點和注意事項。

---

7 讓一個客戶端註冊多種授予方式是可行的；被呼叫者的主體（subject）將根據使用的授予而不同。正如我們在這裡看到的 Client Credentials，主體是提出請求的客戶端，而非代表資源所有者。

表 7-2　ADR 指導方針：哪些 OAuth2 授予方式

決策	應該支援哪些 OAuth2 Grants？
討論重點	確定哪些類型的客戶端將與你的 API 進行互動： • 你是否需要支援 IoT 裝置和 Device Authorization Grant？ • 你是否有只支援 Implicit Grant 的 SPA 老式客戶端？ • 你 是 否 應 該 斷 然 禁 止 使 用 Resource Owner Password Credential Grant？ 如果你已經有認證和授權的一個安全模型，你是否應該轉移到 OAuth2？ • 哪種授予方式最能代表你的互動模式？ • 客戶端是否能夠遷移到那種授予方式？如果他們在你的控制之下，或者你只有少量的第三方，這將讓第三方的遷移變得容易很多。 • 所有新加入的客戶端都應該使用新的 OAuth2 授予方式嗎？
建議	我們建議你使用 OAuth2，並且只使用你需要的授予方式，必要之時再行添加即可。如果你已經有一個行之有效的安全模型，而且有許多付費用戶，那麼強迫他們遷移過來使用 OAuth2 可能行不通。然而，你可能必須發展你的安全架構來使用 OAuth2，使其更加標準化，因為這也可能是第三方的要求，所以他們才不用為你的安全模型建立一種特製的互動方式。從 Client Credentials Grant 開始，往往是將 OAuth2 引入 API 系統最簡單的方法。

OAuth2 範疇

範疇（scopes）是 OAuth2 中的一個重要機制，它可以有效地用來限制代表使用者進行的客戶端存取。使用者初次認證時，終端使用者會收到一個同意畫面，其中會說明客戶端請求存取做什麼。舉例來說，「應用程式想讀取你行事曆中的約會」和「應用程式想在你的行事曆中預訂會議」。終端使用者擁有控制權，可以限制客戶端能代表他們執行哪些動作。

案例研究：將 OAuth2 範疇套用於 Attendee API

讓我們來探討一個實際的例子，展示使用一些端點對出席者進行建模的範疇。為了輔助這個例子，讓我們想像一下，傳統的會議系統（legacy conference system）也有兩個對外開放的端點（endpoints）：

Attendee API

- GET - /attendees：取得一個出席者清單
- GET - /attendees/{attendee_id}：取得某位出席者的詳細資訊
- POST - /attendees：註冊一位新的出席者
- PUT - /attendees/{attendee_id}：更新出席者的資訊

Legacy Conference API

- GET - /conferences：取得一個會議清單
- POST - /conferences：創建一個新的會議

外部 CFP 應用程式只需要存取 Attendee API，所以作為資源所有者，你不希望外部 CFP 存取會議資訊。應該做好分離，讓你可以授權外部 CFP 系統只存取 Attendee API。

創建了兩個範疇： Attendee 範疇和一個 Conference 範疇。這顯示為「HTTP Method – endpoint – scope」。

Attendee API

- GET - /attendees – Attendee
- GET - /attendees/{attendee_id} – Attendee
- POST - /attendees – Attendee
- PUT - /attendees/{attendee_id – Attendee

Legacy Conference API

- GET - /conferences – Conference
- POST - /conferences – Conference

這實現了會議（conferences）和出席者（attendees）的分離，然而還可以更進一步，區分讀取（read）和寫入（write）運算：

Attendee API

- GET - /attendees - AttendeeRead
- GET - /attendees/{attendee_id} - AttendeeRead
- POST - /attendees - AttendeeAccount
- PUT - /attendees{attendee_id} - AttendeeAccount

範疇沒有一個定義好的標準，但是它們通常被用作 API 中的一種粗粒度分隔（coarsegrained separation）。範疇必須對終端使用者有意義，因為他們需要同意其使用。一旦資源所有者對某一資源授予權限，這一資訊就需要被資源伺服器用來強制施行。使用 JWT 格式的存取權杖時，通常會在 JWT 中加入一個聲明（claim），例如 "scope": "AttendeeRead AttendeeAccount"[8]。這將列出所有已授權的範疇。對於 OAuth2 來說，範疇並不是強制性的，儘管它非常有用，也是你應該考慮用來進行粗粒度授權（coarse-grained authorization）的東西。

授權的強制施行

授權需要被強制施行（enforced），因為這是 API 安全的基礎。OWASP API Security Top 10 中列出的兩個最常見的安全授權問題是：Broken Object Level Authorization（BOLA，*https://oreil.ly/3HH5T*）和 Broken Function Level Authorization（*https://oreil.ly/V08ul*）。BOLA 是指使用者能夠請求他們不應該存取之物件的資訊，通常是透過竄改資源 ID 發現的。Broken Function Level Authorization 是指使用者可以執行他們未被授權的任務，例如作為標準使用者執行一個僅限管理者的端點。

授權通常基於某種權利（entitlements）。這通常是使用 Role Based Access Control（RBAC，*https://oreil.ly/U3ahp*）來強制施行的。雖然確切的權利選擇是一個細節，但應該存在某種存取控制（access control），而且重要的是每個端點在履行請求之前都應進行授權檢查。

研究 OAuth2 的授權時，你必須牢記，範疇是用來指定資源所有者對客戶端可以進行的動作範圍做了什麼聲明。這並不意味著客戶端可以存取所有的終端使用者資料。對於 Attendee 服務來說，可能會有能夠進行的不同操作，比如管理出席者的管理權限和只能檢視出席者的權限。一名出席者可能只有讀取該位出席者資料描述的權限；但是，客戶端可能要求讀取出席者資訊和管理出席者的權限。使用者可以授權給客戶端，讓其代表自己執行這些任務；然而，使用者本身可能沒有那種權限。這種授權的重疊在圖 7-10 中被凸顯出來。

8　這可以是一個以逗號分隔的陣列（array），或者像本例一樣，以空格分隔。

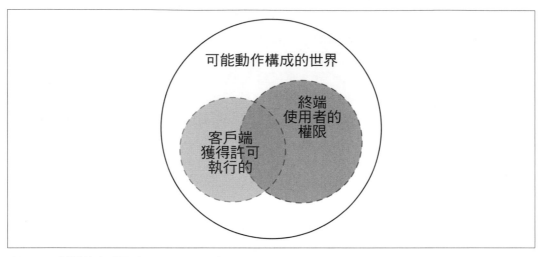

圖 7-10　授權的文氏圖（Venn diagram）

範疇對於 API 閘道來說非常有用，它可以強制施行範疇授權，並在客戶端沒有正確的範疇來存取 API 時拒絕請求。

OIDC 簡介

OAuth2 為客戶端提供了使用認證和授權來存取 API 的一種機制。常見的一個需求是，客戶端要知道資源所有者的身分。考慮一下外部 CFP 系統，它需要儲存關於演講者的資料，但 OAuth2 授予方式並沒有提供獲取終端使用者身分的方法。

這就是 OpenID Connect（OIDC，*https://oreil.ly/umHmK*）的目的：它提供一個身分識別層（identity layer）。這一層建立在 OAuth2 的基礎上，由 OAuth2 授權伺服器實作額外的功能。所需的功能將 OAuth2 授權伺服器也變成了一個 OpenID 提供者（OpenID provider）。現在，客戶端可以透過使用一個名為 *openid* 的特殊範疇來請求關於使用者的資訊。這個範疇會與任何存取權杖所需的所有範疇一起被請求。使用 openid 範疇可以為客戶端提供一個 ID 權杖，這是一個 JWT，其中包含關於使用者的聲明。

僅使用 openid 範疇時回傳的 ID 權杖包含使用者非常有限的相關資訊。唯一能識別使用者的聲明是主體聲明（subject claim），它是使用者的唯一 ID，而且必須永不改變（這通常是一個 UUID）。對於客戶端來說，僅僅擁有一個關於使用者的唯一 ID 通常是不夠的。這就是為什麼 OIDC 規定了可以添加到請求中的額外範疇，以獲得 ID 權杖中的資訊：

profile

    name、family_name、given_name、middle_name、nickname、preferred_username、profile、picture、Website、gender、birthdate、zoneinfo、locale 與 updated_at

email

    email 和 email_verified

address

    address

phone

    phone_number 和 phone_number_verified

你最終可以得到一個信息量豐富的 ID 權杖，其中包含很多關於使用者的資訊。這些範疇是在 ID 權杖的情境（context）中使用的，你不會在存取權杖中看到這些範疇，正如你在第 185 頁的「OAuth2 範疇」中看到的那樣。

OIDC 宣告三種流程：Authorization Code Flow、Implicit Flow 和 Hybrid Flow。OIDC 規格稱獲取 ID 權杖的步驟為「flows（流程）」。建議使用 Authorization Code Flow，理由與 Authorization Code Grant（+PKCE）相同，因為它更加安全。

許多人認為 OAuth2 和 OIDC 是同樣的東西，並會提到 OIDC 是用來存取 API 的。實際情況是，它們並不一樣；它們是兩種不同的東西。OIDC 有它的作用，為客戶端提供使用者身分識別；但是，它不提供對 API 的存取。如果 OIDC 是你需要的東西，那就應該確保你的身分識別提供者對它有支援。不要試圖建立你自己的身分識別層。

 切勿用 ID 權杖代替存取權杖。這是非常危險的做法，因為 ID 權杖不是為了這個目的而設計的。它們是長期存在的權杖，目的是向客戶端提供關於使用者的資訊，不是用來存取資源的。

SAML 2.0

在企業環境中，使用 SAML 2.0 是很常見的，通常只稱作 SAML。SAML（Security Assertion Markup Language，安全斷言標示語言）是用來傳輸斷言的一個開放標準。它經常被用於單一登入（single sign on），被傳輸的斷言是使用者身分識別（user identities）。SAML 在企業界很受歡迎，因為它被用來允許員工登入到外部應用程式。SAML 的原始形式不適合用於 API。然而，確實存在一個 OAuth2 的擴充功能：Security Assertion Markup Language (SAML) 2.0 Profile for OAuth 2.0 Client Authentication and Authorization Grants（*https://oreil.ly/AVVHY*）。此擴充功能允許客戶端使用 SAML 請求存取權杖，前提是授權伺服器有實作了此功能。如果 SAML 是你需要作為 OAuth2 遷移過程中一部分來使用的東西，你就應該注意到這一點。

總結

在這一章中，我們探討了確保 API 安全的重要性，以及達成這一目標的強大業界標準。

- 認證確立了資源所有者的身分，在 API 中，這要麼是終端使用者，要麼就是進行系統間通訊的應用程式。

- OAuth2 是保護 API 安全的公認標準，並經常運用 JWT 作為 bearer 標頭的一部分。JWT 權杖通常經過編碼和簽署，以確保它們不被竄改。

- 不同的 OAuth2 授予方式支援不同的場景。最常見的是 Authorization Code Grant + PKCE 和 Client Credentials Grant。

- 重整權杖有助於改善終端使用者的體驗，不需要一直要求使用者輸入使用者名稱和密碼。

- OAuth2 範疇有助於提供粗粒度的授權（coarse-grained authorization），並允許終端使用者設定客戶端的存取。

- OIDC 是在客戶端需要終端使用者的相關資訊時使用的。OIDC 提供通過認證的使用者的基本資訊，並可以選擇性地提供額外的細節。

基本上，你現在應該明白如何識別 API 的呼叫者，以及如何保障自己的 API 安全。然而，這並不是旅程的終點，因為大多數的軟體架構並非一成不變的。你將在下一章中了解 API 的演化架構。

第四部分

API 的演化式架構

這個部分探討如何使用 API 來演化一個系統或一系列系統的架構。這包括讓現有的傳統應用程式朝向基於 API 的服務導向架構演化，也包括使用 API 基礎設施來重建一個系統的平台或加以演化，以便有效地部署到雲端環境。

第 8 章探討重新設計單體應用程式，使之朝向 API 驅動的架構演化。

在第 9 章中，你將學到如何使用 API 基礎設施來讓你現有的系統朝向雲端平台演化。

第 10 章對你在全書中學到的關鍵教訓進行了總結。本章還介紹了你如何繼續演化案例研究並推進你對 API 架構的學習。

將應用程式重新設計為
API 驅動的架構

現在你對 API 營運和安全性有了紮實的掌握，你將探索如何運用 API 來演化和擴增現有的應用程式。在《*Building Evolutionary Architectures*》（*https://oreil.ly/ojdwr*，O'Reilly 出版）一書中，作者討論了演化式架構（evolutionary architecture）如何在多個維度上支援引導式的增量變更。無論你是否想採用該書中定義的演化式架構，現實情況都是，幾乎每個成功的系統都必須隨著時間的推移而演化，以滿足新的使用者需求或對不斷變化的環境做出反應。很少有企業或組織不會根據客戶端的回饋意見或不斷變化的市場條件來改變其產品。同樣地，長時間運行的系統很少不受基礎設施（如硬體故障和過時）、底層應用程式框架或第三方服務變化的影響。

API 是系統自然的介面（interfaces）、抽象層（abstractions）和（經過封裝的）進入點（entry points），因此在支援演化式架構方面起著重要作用。在這一章中，你會了解到為什麼需要改變、如何為此進行設計，以及在哪裡實作有用的模式。

儘管你可能沒有意識到，但在整個會議系統案例研究中，你已經應用了本章討論的許多技能。我們建議你在閱讀本章時思考案例研究的演化過程，你將在第 227 頁的「案例研究：回顧你的旅程」中審視會議系統架構的最終狀態。

為何使用 API 來演化一個系統？

以安全的方式更改軟體可能會很困難。如果軟體具有以下三個特徵中的任何一個，這種挑戰就會更加複雜：大量的使用者、設計中固有的複雜性，或者與其他一些系統緊密結合。更加麻煩的是：在一個被廣泛採用、滿足使用者需求並成為組織工作流程關鍵部分的軟體系統中，這些特徵幾乎是不可避免的。大多數「傳統（legacy）」系統也是以一種即興搭建的方式演化出來的，有許多臨時的變通方法、快速修復或捷徑，成為系統設計的內在組成部分。

身為一名架構師，API 可以幫助你演化一個系統。API 可以成為一個模組或元件的邊界（boundary），這使得 API 在試圖確保系統有高度凝聚力且鬆散耦合時，成為一個自然的槓桿點。

創造有用的抽象層：增加凝聚力

凝聚力（cohesion）指的是系統內部各元素相互歸屬的程度。實作具有高凝聚力的 API 和系統，可以使 API 提供者和消費者更容易演化。作為提供者，你可以更動你服務的內部結構，比如改變算法、重構程式碼以提高效能，或者變更資料存放區，而你只需要避免以破壞回溯相容性（backward compatibility）的方式修改外部介面就行了。作為消費者，因為在現有的 API 中擁有清晰易懂的整合點，你可以更有信心地修改你的服務或擴充其規模。

與設計有凝聚力的 API 密切相關的是，對你正在創建的抽象層進行批判性的思考。我們都能理解和欣賞控制不同車輛的抽象層之差異。在車子上，你通常會與儀表板、踏板和方向盤互動。操作太空梭時，控制面板包含許多更精細的儀表板、控制桿和按鈕。太空梭的控制對手頭的任務是有凝聚力的，但這裡提供的控制和複雜程度在設計車輛時是不適當的。希望你能看出這與 API 設計之間的類比。設計相當於太空梭的控制面板是很誘人的，特別是關係到「具有未來性的 API」這個目標時，但實際上，你的底層業務服務卻比較類似駕駛一輛汽車。

以高凝聚力的 API 為目標

有高度凝聚力的 API 架構師更容易理解、建立心智模型，並進行推理。凝聚力強的 API 也不會違反「最不意外（least surprise）」法則。高度凝聚力的 API 也可以成為系統內部變化的聚焦點。舉例來說，一系列相關的變更可能只需要修改一個 API，而在修改低凝聚力的系統時卻需要修改一系列的 API。始終努力爭取並朝著高凝聚力的系統演化。

作為案例研究中高凝聚力的一個反例，想像一下，如果你建立了一個「utils（工具）」API，它對外開放了一個可以在所有會議實體中使用的便利函式集。這很容易導致這樣的情況：一個 API 背後程式碼的變化，例如 Attendee API，也需要另一個工具 API 的更新。除非你是 API 的原作者，或者你有非常好的說明文件和測試，否則很容易忽略這一點，使系統出現不一致或不相容的行為。

有許多類型的凝聚力需要考慮！

雖然凝聚力經常被談論，彷彿可以用一個維度來衡量，但有幾種類型的凝聚力是架構師應該注意的。舉例來說，系統可能以多種方式產生耦合：

- 功能凝聚力（Functional cohesion）
- 循序凝聚力（Sequential cohesion）
- 通訊凝聚力（Communicational cohesion）
- 程序凝聚力（Procedural cohesion）
- 時間凝聚力（Temporal cohesion）
- 邏輯凝聚力（Logical cohesion）
- 巧合凝聚力（Coincidental cohesion）

Joseph Ingeno 所著的《*Software Architect's Handbook*》（*https://oreil.ly/hkS1F*，Packt Publishing 出版），為那些想要了解更多的讀者提供了更全面的概述。

當然，凝聚力只是在設計和演化系統時要爭取的特性之一。現在讓我們來看看軟體中與凝聚力有密切關係的耦合（coupling）。

釐清領域邊界：促進鬆散耦合

一個鬆散耦合（loosely coupled）的系統有兩個特性。首先，元件之間的關聯性很弱（有可打破的關係），這意味著一個元件的變化不會影響另一個元件的功能或效能。其次，系統中的每個元件對其他單獨元件的定義知之甚少或一無所知。鬆散耦合系統中的元件能以提供相同服務的其他實作來替換，而且比較不受限於相同的平台、語言、作業系統或建置環境。

設計或重構以實現鬆散耦合的 API，能讓提供者和消費者更有效地演化他們的系統。作為提供者，鬆散耦合的 API 將使你的服務在整個組織中得到最大程度的採用，無論是從易於整合還是支持易變性的角度來看都是如此。而對於消費者來說，鬆散耦合的 API 將支援更容易替換的元件（甚至可能是在執行時期）、更容易進行測試，並降低管理依存關係的成本。

鬆散的耦合使測試時更容易進行模擬和虛擬化！

進行整合（integration）和端到端（end-to-end）測試時，以鬆散耦合為設計理念的 API 通常更容易模擬（mock）或虛擬化（virtualize）。一個鬆散耦合的 API 讓提供者的實作可以很容易地被替換掉。測試消費者時，提供者的 API 實作可以被替換為簡單的模擬或虛擬服務，以回傳所需的回應。

相比之下，通常不太可能模擬或虛擬化一個高度耦合的 API。取而代之，你會發現自己需要將 API 提供者作為測試集的一部分運行，或者試圖使用輕量化（功能較少）或嵌入式版本的服務。

案例研究：建立 Attendee 領域邊界

以會議系統的使用情況為例，想像一下，如果我們的 Attendee 服務與底層資料存放區（datastore）高度耦合，並以底層資料結構描述（data schema）的格式對外開放資料。如果，作為服務提供者，你想把資料存放區換成不同的東西，則有兩種選擇。你可以實作一個新的系統來調整在新舊格式之間創建或檢索的任何資料，這很可能需要複雜且容易出錯的轉譯程式碼。或者，你可以修改外部 API，讓所有的消費者都採用這種方式。別低估這樣做的難度，特別是對於一個廣泛使用的服務而言！

資訊隱藏的力量

當你把一個 API 設計成既有高度凝聚力又鬆散耦合時，你將從資訊隱藏（information hiding）原則中受益。這是分離最有可能改變的實作決策的原則。如果你能正確地掌握這一點，就可以保護系統其他部分在設計決策變更時不受廣泛修改。

這種保護包括提供一個穩定的介面，防止系統其餘部分不受底層（可改變的）實作之影響。就 API 而言，資訊隱藏是防止提供者的某些面向被其消費者存取的能力。這可以透過只使用業務限定或領域限定的 API 端點，以及不洩露任何內部抽象層或特定實作的資料模型或結構描述來加以實作。

最終狀態架構選項

隨著你演化和重新設計你的單體應用程式和 API，你應該對系統在變更之後，你希望它能因此做到什麼，有一個清晰的認知。否則，這個來自愛麗絲夢遊仙境（*Alice in Wonderland*）中的著名場景將變得非常真實：

「請告訴我，從這裡我該往哪條路走？」愛麗絲問。

「這很大程度上取決於妳想去哪裡，」貓回答道。

「我無所謂，」愛麗絲說。

「那麼你走哪條路都沒關係，」貓說。

「只要我能到達某個地方就行了，」愛麗絲補充道。

你將在本章下一節中更加了解如何決定你演化系統的整體目標，但現在就讓我們來參觀一下你架構的潛在選項，以及它們如何影響 API 設計。

單體

在過去的幾年間，單體的架構風格被說得很糟糕。然而，這主要是因為「單體（monolith）」這個詞已經成為「一團大泥球（big ball of mud）」的同義詞[1]。實際上，單體不過就是一種軟體系統，它由一個整體組成，並作為單一行程、自成一體的應用程式運行。單體架構並沒有什麼根本上的問題。對於許多系統，特別是概念驗證（proof of concept）應用程式，或者在尋找潛在商業產品市場適配性的過程中所開發的系統，這種架構風格能讓你在專案的開始階段進展得最快。這是因為它很容易理解和修改，因為只有一個東西需要查看、推理和處置。

---

[1] 關於大泥球的更多見解和歷史，請查看 Wikipedia（*https://oreil.ly/Toz8J*）和 InfoQ（*https://oreil.ly/lPDpX*）的這些文章。

在單體應用程式中實作 API 時，面臨的挑戰是很容易意外創造出高度耦合的設計，這只有在你將來進行修改時才會變得明顯。遵循最佳實務做法，如使用領域驅動設計（domain-driven design，DDD），可能還有使用六邊形架構（hexagonal architecture），將在以後帶來回報。

服務導向架構（SOA）

服務導向架構（SOA）是一種軟體設計風格，其中服務是由透過網路通訊的應用程式或服務提供給其他元件。SOA 的第一次使用，通常被稱為「經典 SOA（classic SOA）」，也有些不好的評價。這主要是由於早期 SOA 使用了重量級技術，如 SOAP、WSDL 和 XML，以及供應商驅動的中介軟體（middleware），如 ESB 和訊息佇列（message queues）。當時著重於使用「智慧管線（smart pipes）」進行通訊的網路，而業務邏輯則被納入到中介軟體中。

讓你的應用程式朝著 SOA 方向演化是有益的，但是應該注意避免使用那些促進高耦合或低凝聚力的框架或供應商中介軟體。舉例來說，永遠都不要在 API 閘道或企業服務匯流排（ESB）中添加業務邏輯。設計基於 SOA 的系統所面臨的最大挑戰之一是如何「正確」處理服務的規模和所有權，也就是在 API 的凝聚力、整個組織對程式碼的明確所有權、以及擁有許多服務的設計和執行成本之間取得良好的平衡。

微服務

微服務是 SOA 的最新實作，軟體由小型的獨立服務組成，透過明確定義的 API 進行通訊。與傳統的 SOA 有幾個不同之處，也就是使用「智慧端點（smart endpoints）和笨管線（dumb pipes）」（*https://oreil.ly/cTt3j*），並避免使用會與你服務高度耦合的重量級中介軟體。關於微服務的書籍有很多[2]，所以如果你想深入了解這個主題，我們會推薦你去讀那些書。然而，演化微服務的核心原則包括建立鬆散耦合和有高凝聚力的 API 驅動服務。

與經典 SOA 一樣，使用微服務架構設計 API 時，最大的挑戰之一是如何正確判斷 API 和底層服務的邊界（和凝聚力）。構建或發展微服務之前，使用 DDD 世界中的情境映射（context mapping）和事件風暴（event storming）等技巧，往往會使你未來的努力得到很大回報。微服務 API 最好是使用鼓勵鬆散耦合的輕量化技術。這包括你在本書中已經探討過的技術，如 REST、gRPC，以及輕量化的事件驅動（event-driven）或基於訊息（message-based）的技術，如 AMQP、STOMP 或 WebSockets。

---

2 Sam Newman 的《*Building Microservices*》，第二版（O'Reilly）是我們的最愛。

函式

儘管最初承諾函式（functions）是微服務下一個演化階段的願景並沒有完全實現，但有許多組織仍然廣泛採用此架構。如果你有高度事件驅動的系統，這種架構風格可能就是一個有用的目標；舉例來說，一個基於市場的交易系統，對新聞和市場事件有高度反應，或者一個影像處理系統，帶有要套用的標準化變換所成的一個管線和要生成的報告。

設計基於函式的系統和相應的 API 之最大挑戰通常與正確的耦合有關。我們很容易將函式或服務設計得如此簡單，以致於必須要有許多函式或服務被協調在一起才能提供最起碼的商業價值。然後，這些服務和它們的 API 就會變得高度耦合。在此，可重用性（reusability）和可維護性（maintainability）之間的平衡是很困難的，因此，在選擇這個架構風格之前，應該認識到你和你的團隊可能需要一些時間來適應它。

管理演化過程

演化一個系統必須是有意識的管理活動。讓我們來看看在對你的 API 進行修改時，需要注意的事情。

決定你的目標

嘗試演化一個系統之前，你應該清楚了解變化背後的動機。目標應該被分類並清楚地與你的團隊和組織進行溝通。在變革過程的早期發現不正確的假設和目標，比開始寫程式時才發現的代價要小。目標大致分為兩類：功能型（functional）和跨功能型（cross-functional）。

功能型演化目標是產品特色或功能的改變請求。它們通常是由終端使用者或商業利害關係者所驅動的。可能需要進行重構（refactoring），但這些類型的目標側重於編寫更多程式碼或整合更多的系統。

跨功能型的目標，也被稱為非功能型目標（nonfunctional goals），集中在那些「性質（ilities）」上，如可維護性（maintainability）、規模可擴充性（scalability）和可靠性（reliability）。舉例來說，可維護性的變更通常是由技術領導團隊驅動的，他們希望減少工程師在理解、修復或改變系統上花費的時間。規模可擴充性的變化通常是由業務利害關係者（business stakeholders）驅動的，他們預測系統的使用量增加或需求增加。可靠性工作通常著重於試著減少系統內故障的數量和影響。這些類型的目標通常聚焦在重構現有系統或引進新的平台或基礎設施元件。

建立跨功能的需求是完全合理的，但如何以我們希望對系統進行的變更為中心，設定明確的目標，以及如何知道我們是否已經成功了呢？這就是適應函數（fitness functions）可以幫上忙的地方。

使用適應性函數

為了追求不會快速老化成為過時系統的架構，需要採取積極的決策，防止隨時間流逝而出現的退化。定義適應性函數（fitness functions）是一種機制，會持續審視系統架構和組成系統的程式碼產物。可以把函數看作是架構的一種單元或整合（unit/integration）測試，以一種可量化的指標來評估架構的「性質（ilities）」。建置管線（build pipeline）中包含了一個適應性函數，以協助為系統的目標提供一個持續的保證。在 Thoughtworks 關於適應性函數的部落格（*https://oreil.ly/hl9eB*）中，推薦了幾個重點類別，如表 8-1 所示。

表 8-1　適應性函數的分類

Code Quality（程式碼品質）	這個類型的適應性函數，許多團隊在某種程度上可能已經有了。執行測試可以讓你在發佈到生產之前衡量程式碼的品質。其他指標也值得考慮，例如確保最小的循環複雜性（cyclic complexity）。
Resiliency（韌性）	韌性的初始測試是將系統部署到預備生產環境中，將樣本（或合成）訊務傳送到其中，並觀察錯誤率是否低於某個門檻值。API 閘道或服務網格通常可用於向系統注入故障，促進對某些場景的韌性和可用性測試。
Observability（可觀察性）	確保服務符合（並且不會退步）並發佈可觀察性平台所要求的指標類型是至關重要的。在第 141 頁的「API 的重要指標」中，你回顧了什麼是需要發佈的一套優良 API 指標；這可以透過一個持續的適應性函數來衡量和強制執行。
Performance（效能）	效能測試往往是事後才想到的；然而，如果你能設定延遲和吞吐量目標，這些都可以在建置管線中進行測量。也許這個目標最困難的部分之一是獲得類似生產環境的資料，才能使需要執行的那類型效能測試有意義。我們將在第 208 頁的「效能議題」中進一步考慮這個問題。
Compliance（合規性）	評估什麼是要監控的關鍵面向時，這一部分是非常業務或組織限定的。它可以包括稽核或資料需求，這些對於繼續提供證據以證明業務正常運行至關重要。
Security（安全性）	安全有許多不同的面向，你在第 6 章和第 7 章中探討了一些考量點。一種可能的適應性函數可能是分析專案中的程式庫依存關係（library dependencies），檢查是否有任何已知的安全弱點。另一個可能是對源碼庫進行自動掃描，以確保沒有 OWASP 式的漏洞存在。
Operability（可營運性）	許多應用程式被建置、投入生產，然後開始演化；使用者加入後，問題就開始了。決定營運平台最低的一套需求是確保系統持續運作的關鍵。評估監控和警報是否到位，會是一個好的起點。

以你想引入的適應性函數為中心建立 ADR 是一個好的開始。要立即實作前述表格中所有的內容可能很棘手。

有些決定很難逆轉，重要的是，在可能的情況下，要識別出這些類型的決策。

 一個不可逆轉的決定並不是一件壞事！沒有經過深思熟慮的不可逆決定才是。ADR 有助於解決常見的「他們在想什麼⋯」式的問題並分享歷史背景。透過 ADR 的使用和開放式討論所集體做出的決定，將帶來具有長久生命力的架構。

將一個系統分解成模組

你是否曾經在因為作為一個單體而被抨擊（也許是你自己或其他人）的源碼庫上工作過？作者之一曾在一個有 400 萬行程式碼的源碼庫上工作過，該源碼庫有 24 年的技術債（根據 SonarQube）。其程式碼結構有許多不同的類別以臨時特設的方式連接起來，在整個應用程式中創造了高度不受控制的耦合。對應用程式的任何部分進行重構都很困難，往往會在修復一個錯誤時，產生其他意想不到的錯誤。這些問題都不是由於系統的單體性質所造成的，而是出於缺乏程式碼的組織和設計。

防止義大利麵條程式碼（spaghetti code）或泥球（ball of mud）的方法之一是，使用模組（modules）來拆解軟體應用程式。在源碼庫中設計模組化元件（modular components），有助於定義清晰的邊界和基於功能凝聚力的邏輯分組。模組的目的是形成定義明確的邊界，以隱藏實作細節。要在哪裡設定模組的定義可能是一個複雜的問題；在 Java 之類的語言中，有方法（method）、類別（class）、套件（package）和模組（module）等選項。這些構造中的每一個都允許不同程度的資訊隱藏，與物件導向的封裝構造（object-oriented encapsulation constructs）相重疊。就討論的目的而言，我們將考慮以模組來定義一個比方法和單獨類別更大範圍的架構分割方式。

Sam Newman 對於設計模組時限制開放範圍提出了一些非常好的建議。Sam 的《*Monolith to Microservices*》（O'Reilly）一書對模組化和從單體到微服務之遷移的這一主題，進行了精彩的深入探討。

> 就個人而言，我會盡量在模組（或微服務）邊界上暴露最少的東西。一旦某些東西成為了模組介面的一部分，就很難把它撤回。但如果你現在就把它隱藏起來，你總可以決定之後再分享它。

讓我們考慮一下，在從導論開始發展的會議系統案例研究中，我們可能會引入哪些模組。圖 8-1 引入了一個模組來表示控制器（controllers）、服務（services）和資料存取物件（data access object，DAO）模式。每個控制器都公開了 RESTful 端點，並將由託管應用程式的 Web 伺服器對外開放。在控制器之後，服務模組是業務邏輯所在之處，向控制器開放了一個清晰的介面。服務後面的 DAO 模組是資料存取物件居住的地方，為服務提供清晰的介面。模組分層是很常見的，而能達到模組之間有明確單向依存性的程度，是對模組化的良好應用。

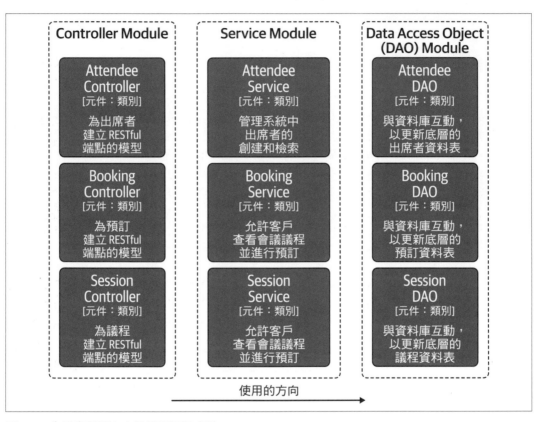

圖 8-1　會議案例研究中的模組拆解建議

現在我們有了明確的分離，每個模組都可以套用一個策略來單獨測試主體。模組化做法的另一個優點是，開發人員獲得在一個模組內進行推理和測試的能力。

在最近的專案中，作者之一建立了一個 DAO 模式，作為應用程式的一個模組來與資料庫進行互動。一個介面將功能對外開放給應用程式的其他模組，使得與該模組的互動變得明確。後來決定將業務邏輯分成運用 DAO 的三個模組，拆成了三個獨立的服務，這是單體的第一次演化。這三個新模組很好地分離成各自的服務，使用 DAO 模組作為程式庫。設計定義明確的模組使得系統的獨立演化和演化決策變得可能。

使用 C4 圖來表達軟體結構是在元件層面上的一種輕量化方法，用於定義系統中元件之間的關係。在導論中首次討論的元件圖（component diagram），提供了一種機制來協助關係的審查，並有助於定義模組化結構。

在你的應用程式中定義模組是一個很好的設計步驟，儘管實作模組化的方式有很多選擇。可以利用語言層級的支援來幫助強制施加模組化，並作為一個團隊就最適合你們技術堆疊的做法達成共識。

建立 API 作為擴充的「接縫」

「接縫（seams）」的概念最初是由 Michael Feather 在他 2004 年出版的《*Working Effectively with Legacy Code*》（*https://oreil.ly/EtYnR*，Pearson 出版）中首次提出的。接縫是功能被縫合在一起的點，它可被視為是所考慮的一個主體[3]與另一主體互動的點。這通常是透過依存性注入（dependency injection）等技術來實現的，注入協作者並依據提供了可替換性（substitutability）的介面執行。可替換性的考量很重要；這允許有效的測試，而不需要運行整個系統（例如，使用模擬或測試替身）。

如果應用程式是在沒有良好設計的情況下建立的，那麼接縫的定義可能會很複雜，使人難以理解全部的行為。在處理舊有程式碼（legacy code）時，這可能會讓分解並重構程式碼使其運作方式更為模組化的工作變得困難。Nicolas Carlo（*https://oreil.ly/Xqzpm*）為此提供了一個實用的訣竅來拆解舊有程式碼的接縫，假設測試尚不存在：

- 識別出變更點（接縫）
- 打破依存關係
- 撰寫測試
- 做出變更
- 重構

3　在此情境下，「所考慮的一個主體」是一個類別或一組類別。

設計變更時，考慮為兩個（或可能更多個）協作者如何連接起來創建一個 API 設計。如果有可能接縫的定義可以在所考慮的主體之外使用，那麼服務間的 API（interservice API）可能是一個很好的選擇。舉例來說，如果接縫在源碼庫的許多不同部分都以類似方式執行，而目標是將一個服務分解成更小型的基於服務的架構，這就是定義跨服務重用（cross-service reuse）的一個機會。

識別出系統內的變革槓桿點

有時，架構師或開發人員很容易識別出「變革的槓桿點（change leverage points）」，或那些明顯需要重構和改變的程式碼和服務，以使系統在某些方面變得「更好」，例如更高的效能、可擴充性和安全性。如果你在這個行業工作了幾年以上，我確信你一定曾經在這種系統中工作過：源碼庫中有一個特別具有挑戰性的區域，或者一個不斷變動和翻新的模組（而且這兩個問題往往是相關的！），而你想過要花時間正確地解決這個問題。然而，這些槓桿點並不總是顯而易見，特別是在你的源碼庫或系統是繼承而來的時候。對於這種情況，例如 Adam Tornhill 的《*Your Code as a Crime Scene*》（Pragmatic Bookshelf 出版）這類的書籍，將有助於理解你程式碼和應用程式。相關的工具也可能很有用，比如版本控制系統（version control system）中的變動量檢測工具（churn detection utilities），可以定位出源碼庫中不斷變化的部分，或者在建置管線（build pipeline）每次執行時，分析源碼庫或服務的軟體複雜性測量工具。

持續交付和驗證

在第 5 章中，你回顧了自動化部署和發佈鬆散耦合系統的重要性。部署更多系統時，就會有要不斷驗證系統的需求出現，這對實作一個演化式架構來說非常關鍵。

使用 API 來演化系統的架構模式

API 為系統朝向現代架構的演化過程提供了強大的抽象層，也為新功能的引進和變更提供了強大抽象層。正如你在第 3 章和第 4 章中所發現的，基於閘道和服務網格（service mesh）的構造能夠使用閘道來進行營運遷移。創造一個演化式變更時，演化過程中的首要考量是減少演化的風險，並儘快使其利益最大化。讓我們回顧一下可以協助遷移到 API 的一些架構模式。

絞殺者無花果樹（Strangler fig，又稱「殺手榕」）

絞殺者無花果樹是生長在現有樹木周圍品種眾多的熱帶無花果樹中的任何一種。雖然絞殺者無花果樹經常會悶死並勝過其宿主，但有證據顯示，被絞殺者無花果樹包裹的樹木更有可能在熱帶風暴中存活下來，這表明這種關係在某種程度上可能是互利的。最終，這就是演化式架構的目標，即支援一個不斷變化的系統，其結果可能是完全消除之前的東西。這是透過在舊機制仍然存在的情況下，引入應用程式的新元件來實現的。目標是逐步遷移到基於 API 的新做法。

在第 126 頁的「案例研究：功能旗標」中，你回顧了如何使用功能旗標來查詢傳統服務或呼叫基於 API 的新服務。圖 8-2 顯示了使用功能旗標的一個 C4 圖。這對於以前作為行程內互動而存在的接縫來說效果很好，便於將新的 API 引入服務。然而，若有許多消費者已經在行程外與服務進行互動，那麼期望所有的人都實作並控制一個功能旗標，是不切實際的。

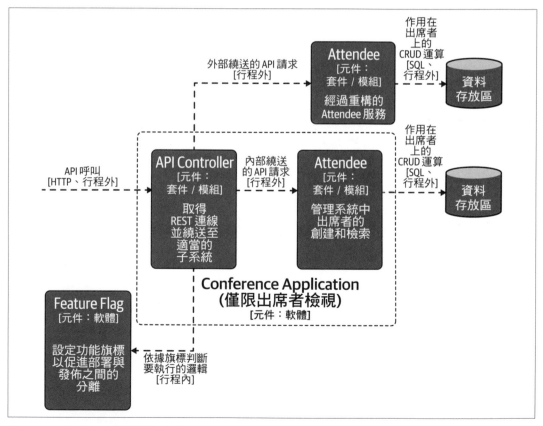

圖 8-2　出席者和功能旗標的會議應用程式容器圖

另一種模式是使用代理（proxy）或閘道（gateway）作為 API 互動的前端，繞送到傳統的實作或新的實作。這是一種使用代理的門面（facade），意味著 API 消費者使用相同的 API，並且不知道幕後正發生從一個服務到另一個服務的遷移。

管理幕後的 strangler fig 模式是很棘手的，新元件的引入可能成為單一故障點或瓶頸，除非這個問題得到緩解。代理不應該承擔業務邏輯，否則會使它在遷移結束後難以移除。並行管理傳統流程和現代流程以確保兩個服務之間資料的一致性是一種挑戰。你可以在《*Monolith to Microservices*》（繁體中文版是《單體式系統到微服務》，陳慕溪譯，碁峰資訊出版）中找到克服這些挑戰的更多指引。

門面和配接器

門面（facade）和配接器（adapter）模式是眾所周知的模式，可以協助遷移到現代服務。「strangler fig」模式就是一種門面，攔截 API 呼叫並將複雜性隱藏在幕後。

我們常遇到的一種情況是，現有的大規模分散式應用程式已經使用了某種形式的 API。也許服務間的通訊是透過 SOAP-RCP 或其他古老的協定來驅動的。配接器可以透過引入一個元件，將給定的 SOAP 請求轉換為新的 RESTful API 呼叫，從而幫助架構的演化。然而，協定改寫在正確實作上可能具有挑戰性。這裡應該注意避免降低凝聚力或引入耦合。

不僅僅是傳統的情況可以從配接器模式的使用中受益。在第 1 章中，我們探討了 gRPC 的使用，它是一種熱門且有效的東西向通訊（east–west communication）技術。藉由 grpc-gateway 專案，可以對外呈現一個 RESTful JSON 端點，並在後端轉換為 gRPC 表示法。

Facade 和 Adapter 模式非常相似，因為它們都會「擋路」。Facade 通常沒有 Adapter 那麼複雜；傳統的 API 閘道單純繞送 API 請求，而配接器（adapter）會負責將之轉換為目標應用程式所理解的表示法。

 如果一個 API 閘道越了界，從作為門面模式變到配接器模式，耦合度就會立即增加。請務必確認你是否仍在使用正確的元件來完成任務！

API 夾層蛋糕

在企業範圍內經常談到的一種 API 遷移模式是「分層 API（Layered APIs）」或「API 夾層蛋糕（API Layer Cake）」，它建立在傳統企業單體應用程式中「關注點分離（separation of concerns）」分層模式上。2000 年代，在 Java 或 .NET 企業應用程式中，在一系列分層中實作應用程式的功能被認為是一種最佳實務做法；舉例來說，表現層、應用程式層、領域層和資料儲存層。其核心思想是，進入應用程式的每個使用者請求都是循序在每層中上下流動。這種模式允許對每層的特定功能進行抽象化和重用，其取捨在於，一個端到端的功能片段往往需要修改許多層，也就是說，每層中的凝聚力是以各層的高度耦合為代價的，以提供一個業務功能單元。

這種模式基於 API 的現代化做法在 Gartner 的 *Pace-Layered Application Strategy* [4] 中可以看到。每個 API 或微服務層都使用了新的名稱，表現層被近似地轉譯為參與系統（systems of engagement，SoE），應用程式層被轉譯為差異化系統（systems of differentiation，SoD），而資料儲存層被轉譯為紀錄系統（systems of record，SoR）。

隨著實作此模式的舊有系統越來越難以演化，此種模式逐漸擁有了不好的名聲。這種模式鼓勵架構師和開發人員走捷徑，比如在許多層之間複製功能以避免呼叫額外的分層，或者在處理請求時繞過某些層，例如表現層直接與資料儲存層進行通訊。我們一般建議避免使用這種模式。

識別出痛點和機會

通常，避免在一個系統或源碼庫中聲譽不佳的部分工作是很誘人的選擇，不管是因為程式碼品質差、複雜度高，還是由於經常發生故障。有些痛點並不總是明顯的，直到你有嚴重的故障需要解決。然而，永遠不要讓一個好的危機被浪費掉：找出系統內有問題的元件並加以分類編目，可以幫忙追蹤和改善已知的問題。讓我們來探討一下在基於 API 的分散式系統中出現的一些常見問題，以及如何將其作為改革的機會。

---

4 關於 Pace 的更多資訊，請參閱 Gartner 的「Accelerating Innovation by Adopting a Pace-Layered Application Strategy」（*https://oreil.ly/EB1du*）和 Dan Toomey 的「A Pace-Layered Integration Architecture」（*https://oreil.ly/dHaBE*）。

升級和維護問題

識別出整個系統中升級和回報的錯誤發生在哪裡，可以幫助建立一個「關注名單（hit list）」。注意系統內發生的以下問題：

- 特定子系統的變更失敗率高

- 系統引起的支援問題數量高

- 系統或源碼庫某一特定部分的大量變動

- 複雜性高（透過靜態分析和循環複雜度來確定）

- 被問及所需變化的難易程度時，開發團隊提供的信心水平較低

考慮添加程式碼品質指標，因為這可為潛在的底層問題提供一個粗略的指引。維護問題或子系統問題可能是引入 API 抽象層的好機會，可以把功能拉出來，並使用 strangler fig 來推動改進。這也可能是沒有遵循良好程式設計原則的程式碼壞氣味。在第 9 章中，我們還將考慮在新的基礎設施上向基於 API 的架構遷移時，該如何對待應用程式。

效能議題

服務等級協議（service-level agreements，SLA）是追蹤和監控效能的一個很好的上界。在第 5 章中，你回顧了有助於提示 API 服務問題的監控和指標。現實情況是，許多應用程式並沒有建立積極的保護措施來防止問題的出現。如果團隊第一次聽到效能問題是來自客戶的直接回饋意見或來自生產監控，例如一個邊緣系統已經耗盡了使用者請求與回應的延遲預算，那麼團隊在對問題做出反應時就會立即處於劣勢。

效能問題可能是架構性的；舉例來說，你是否有某個服務會呼叫位於不同地區或跨越網際網路的另一個服務？涉及到效能問題時，測量和建立一個客觀的計畫是很關鍵的。對現有的系統進行測量、為可以改善效能的地方提出假設，然後進行測試和驗證。重要的是，要把系統作為一個整體來考量，而非試圖孤立地最佳化一個特定的元件。測量過程的自動化使你能夠將效能測定作為建置過程的一部分。

打破依存關係：高度耦合的 API

只有在架構的各個部分能夠獨立演化的情況下，朝向分散式架構發展才能獲得回報。一個特別需要注意的反模式是在系統的不同部分之間同步協調發佈。這種跡象表明 API 有可能是高度耦合的，打破這一點可能是進一步重複使用和減少發佈摩擦的機會。

培訓課程和團隊中經常被忽視的一項技能是有效處理舊有程式碼。一般情況下，開發人員不確定如何引入有助於打破依存關係的變化。在尋求打破依存關係時，有兩種技術是值得考慮的。

Michael Feather 在 2004 年的《*Working Effectively with Legacy Code*》一書中有涵蓋所謂的 Sprout（新生）技巧。對那些沒有考慮到測試的程式碼進行單元測試通常是非常困難的。Sprout 涉及在其他地方創建新的功能，對其進行測試，並將其添加到被稱為插入點（insertion point）的舊有方法（legacy method）中。另一種技巧是透過創建一個與舊方法名稱和特徵式相同的新方法來包裹現有功能。舊方法會被重新命名，並在新方法中呼叫，其中在呼叫傳統方法之前帶有附加的邏輯。

如果一個服務主要是舊有的傳統，與舊有程式碼一起工作就是需要發展的一項關鍵技能。在源碼庫的複雜區域進行編程練習（coding katas）或結對程式設計（pair programming）將有助於促進整個團隊的理解。Sandro Mancuso 在 YouTube 上製作了一部優秀的影片（*https://oreil.ly/p2jWO*），我們中的一些人已經用它來了解處理舊有程式碼的實用方法。

總結

在這一章中，你已經學會了如何使用 API 驅動的做法，讓舊式的單體應用程式朝向基於服務的架構演化。

- API 通常在系統中提供一個自然的抽象層或「接縫（seam）」，支援服務和門面的分解，以支援逐步改變。因此，在演化系統時，它們都是任何架構師工具箱中的有力工具。

- 在使用 API 演化系統時需要理解的關鍵概念包括耦合（coupling）和凝聚力（cohesion）。在設計和建置系統時牢記這些通用的架構概念，將使系統的演化、測試和部署更加容易和安全。

- 演化一個系統時，你應該始終清楚你當前的目標和限制。若不明確地建立和分享這些，遷移可能會變成無止境的工作，這將耗費資源，同時提供很少的價值，並可能影響士氣。

- 已經確立的模式，如 strangler fig，可以提高系統演化的速度和安全性，避免重新發明輪子。

下一章以本章的焦點為基礎，擴充了演化式架構的範圍，也包括向雲端基礎設施的遷移。

第九章

利用 API 基礎設施朝向雲端平台演化

在上一章中,我們概述了在演化 API 和支援 API 的服務時可以使用的架構方法。在系統的演化過程中,同樣重要的是要考慮底層的基礎設施(infrastructure)、平台(platforms)和硬體。通常,這都是按自己的節奏變化和發展的:隨著硬體壞了、公司和技術被合併或收購了,或者跨組織的 IT 政策規定要升級基礎設施。然而,有時 API 計畫將推動基礎設施的改變,特別是與現代化和轉向更類似雲端(軟體定義)基礎設施有關的地方。現在,你將學習如何實作和管理不斷演化的系統及其相應的 API 基礎設施。

本章建立在前幾章介紹的架構基礎之上,探討在遷移到基於雲端的環境時,如何使用 API 基礎設施,如 API 閘道、服務網格(service meshes)和開發人員入口網站(developer portals),來發展系統。你將學習應用程式的「直接搬運(lift and shift)」、「重新平台化(replatform)」和「重構(refactor)或重新架構(re-architecture)」之間的區別,並發展技能以了解在特定情況下哪種方法最為合適。隨之而來的案例研究將展示如何將現有的 API 閘道和 Attendee 服務遷移到雲端中。使用 API 閘道可以為正在供應的服務和 API 提供位置透明度,這能讓我們將服務部署到雲端中,也能讓訊務從現有服務逐漸轉移到新的服務,而且對消費者的影響有限(甚至沒有影響)。你還將探索利用服務網格的多位置(multilocation)和叢集(cluster)功能將服務遷移到雲端中的新興遷移方案。

案例研究：將 Attendee 服務轉移到雲端

對於會議系統案例研究的下一次演化，你將專注於把 Attendee 服務轉移到雲端供應商的基礎設施。這樣做的主要動機是，會議系統所有者希望最終消除營運自己的資料中心的負擔。這最終將涉及到把所有的新服務、單體應用程式、中介軟體（如 API 閘道）和資料存放區轉移到雲端中。我們選擇首先遷移 Attendee 服務，因為它是最新的元件，也是接收訊務最多的服務之一。圖 9-1 顯示了提取出來的 Attendee 服務目前是如何在主會議系統應用程式的情境之外運行的。

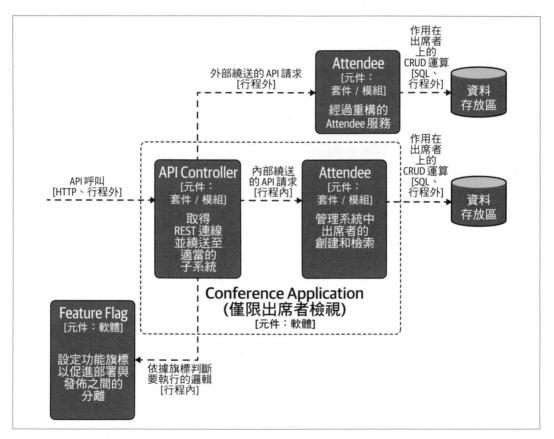

圖 9-1　這個 C4 模型顯示提取出來的 Attendee 服務

正如你將在本章中探討的那樣，有多種方法可以將這種服務和提供支援的基礎設施遷移到雲端中。在你深入了解前面方法的機制之前，讓我們先探討一下在決定遷移策略之前，應該考慮的選項。

挑選雲端遷移策略

借鑒 Gartner 在 2010 年發表的文章「Migrating Applications to the Cloud: Rehost, Refactor, Revise, Rebuild, or Replace?」（*https://oreil.ly/vHnc9*），Amazon Web Services 在 2016 年發表了一篇部落格，介紹了雲端遷移的「六個 R」[1]。如果你負責評估或領導現有架構和系統向雲端的遷移，這些文章會是很好的起點。由於 API 通常是最接近使用者的業務驅動元件，而且是大多數請求的關鍵入口點，因此在決定遷移方法時，你應該特別注意它們。這六種方法提供了一系列的選擇，從「什麼都不做」到完全重建一個系統或讓它退役都有。

它們是：

- Retain（保持現狀）或 Revisit（重新審視）
- Rehost（重新託管）
- Replatform（重新平台化）
- Repurchase（重新購買）
- Refactor（重構）/Re-architect（重新架構）
- Retire（退役）

讓我們更詳細地研究 AWS 的六個 R，並探討如何使用這個框架來演化 API 基礎設施。

Retain 或 Revisit

這就是什麼都不做（目前）的策略。儘管很容易抱持懷疑態度看待這種方法，但許多架構師（包括我們）都會建議你「挑選你的戰場（pick your battles）」，有時遷移 API 的戰鬥所獲得的回報並不值得你付出的努力。當然，這個決定應該基於合理的業務與技術評估，你應該在內部和外部適當地傳達「不採取行動」的決定。這就是 ADR 發光發熱之處，它能提供這些決定的文件軌跡和背後的原因，供將來參考。

---

[1]　請參閱「6 Strategies for Migrating Applications to the Cloud」（*https://oreil.ly/ilyJe*）。

溝通變更（*Change*）和棄用（*Deprecations*）

對當前 API 或系統進行的業務和技術評估可能導致你決定不要在目前讓系統演化。在這種情況下，溝通必須採取行動的已知日期仍然很重要。舉例來說，如果一個業務部門要在已知的日期關閉，或一個系統將達到終止生命期（end-of-life，EOL），或一個關鍵的軟體或資料存放區的許可證（license）將在已知的時間到期，這應該作為一個棄用警告（deprecation warning）傳達給消費者。你們很可能在契約和 SLA 中規定了一個必要的棄用通知，所以一定要參考這些。

在考慮將應用程式轉移到雲端時，一個關鍵要素是演化過程中在兩個服務之間引入延遲的問題。如果你有一個高流量的服務，在跨越網路邊界時，每個請求都會產生延遲。確保對降速的情況有所了解是一個重要的考量點，如果這違反了 SLA，那麼移動服務可能不是一個選擇。在第 20 頁的「為交換（Exchanges）建模並挑選一種 API 格式」中，你學到了如何在限制條件下選擇協定和設計 API，這是跨越邊界時的一個重要考慮因素。

對於我們的會議用例來說，保持現狀不是一個可行的策略，因為這只是將問題拖延下去，推遲了遷移到雲端的目標。

Rehost

「重新託管（Rehost）」也被稱為「直接搬運」或「搬起就移轉（lift-and-shift）」。它涉及將系統和工作負載轉移到雲端平台，而不進行重新架構。如果你想整合工作負載，或者只是想從目前的基礎設施搬遷出去，這往往會是一個有效的策略。然而，請注意，雲端基礎設施的行為方式並不總是與內部硬體相同，因此要識別並確認你所做的任何假設。

謹慎對待專用系統和自製硬體

儘管有許多的「直接搬運」專案都能照預期工作，但有些卻不能。這在特化的自製系統和客製化硬體方面尤其如此。舉例來說，舊的專用系統可能假定系統內的所有通訊都是透過本地匯流排或專用網路連線進行的（在雲端中並非如此），而某些資料儲存技術架設底層區塊儲存系統（block storage system）具有特定的硬體特性（或保證）。若有疑問，應進行研究調查。

對於我們的案例研究來說，重新託管可能是一個可行的做法，雖然我們選擇了重新平台化的選項，以使我們能夠利用一些雲端的特色。

Replatform

這種做法有時被稱為「lift-tinker-and-shift（搬起、微調再移轉）」。它與重新託管非常相似，但也利用了一些只需進行最少重新設定的雲端服務。舉例來說，現有作為系統元件運行的資料存放區（datastore）可以替換成與協定相容的雲端服務。你可以用相容MySQL 的 AWS RDS、Azure Database 或 GCP Cloud SQL 來替換掉一個本地 MySQL 資料存放區。重新平台化另一種常見的形式是，更新或改變語言特定的應用程式伺服器或容器。

這是我們為會議系統案例研究所挑選的做法，如此一來我們可以避免大量的重複作業，同時在我們從現有的內部基礎設施遷移時，仍然可以利用新的雲端服務。

Repurchase

重新購買主要是指轉向不同的產品，例如訂閱基於 SaaS 的電子郵件發送服務，而非繼續在內部運行電子郵件伺服器。

由於我們的會議系統範例主要由自製的應用程式和標準的資料存放區組成，因此沒有重新購買的選擇（除了可能購買一個現成的會議管理系統，但那不屬於遷移的範圍）。

Refactor/Re-architect

重構意味著重新構思應用程式的架構和開發方式，通常是使用雲端原生的功能（cloud native features）。與任何重構一樣，應用程式或系統的核心（外部）功能不應改變，但功能的內部實現方式肯定會改變。這通常是由強烈的業務需求所驅動的，以增加功能、規模或效能，而且這些需求在應用程式現有的環境中很難達成。舉例來說，如果一個組織已經決定將現有的單體應用程式分解成微服務，那麼往往也會考慮採用雲端原生模式。這種模式通常是最昂貴的實作方式，但如果你的產品與市場契合度良好，並且受限於現有的技術選擇，這也可能是最有益的做法。

我們在案例研究中沒有明確地選擇這種做法，因為在本書中你一直都在重新架構會議系統。需要考慮的一個重要問題是，API 基礎設施和設計導致了更符合雲端原生的思維方式。正如第 1 章中所討論的那樣，定義和建模 API 有利於在重構或重新架構的過程中，建立一個簡潔的機制來表示服務。同樣關鍵的是，許多基於雲端的服務或互動也是以 API 為基礎。進行重新架構時，圍繞 API 的策略與你計畫在雲端上使用的服務和系統一樣重要。

隨著重新架構的完成，在對架構進行額外變更之前，在雲端上重建平台（replatform）是最合理的做法。

Retire

在遷移過程中，「退役（retiring）」系統單純表示你擺脫了它們。在我們參與的許多大型遷移過程中，經常至少會有一個現有系統不再被使用，而且被遺忘了。由於不再需要這個功能，該系統可以單純退役，釋放或回收硬體資源。

不用說，由於我們的會議系統相對較小且具有凝聚力，目前還沒有可以退役的部分！我們的整體目標之一是讓傳統的會議系統退役，一旦重新平台化和重構完成，我們就可以繼續推進這項工作。

案例研究：重新平台化 Attendee 服務以遷移至雲端

根據本章上一節所提供的背景，我們決定除了將 API 閘道遷移到雲端外，還要將我們的 Attendee 服務「重新平台化（replatform）」。考慮到向雲端遷移的需求，保留或淘汰服務都不是有效的選擇。在這種情境下，重新購買也不合理。由於我們已經重新架構了 Attendee 的功能，在本書前面將其提取為一個服務，重構或重新架構的做法似乎並不合適。然而，未來當你向會議系統添加新的功能時，重新架構系統（可能提取出服務）並將其轉移到雲端，將是需要強烈考慮的選項。重新託管可能是一種穩健的策略，但我們熱衷於利用基於雲端的 database-as-a-service（資料庫即服務）優勢，而非「直接搬運」我們自己的 MySQL 資料庫實體。

如圖 9-2 所示，「重新平台化」的做法將提供一個良好的持續遷移基礎，讓我們將更多的服務轉移到雲端。現在將 API 閘道遷移到雲端，也將有助於支援 API 訊務從現有企業內部位置逐步繞送到雲端。

圖 9-2 顯示了重新平台化之後架構的最終狀態。

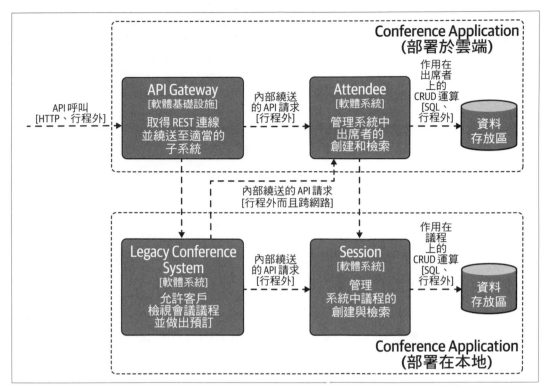

圖 9-2 顯示提取出來的 API 閘道和 Attendee 服務的基礎設施圖

現在讓我們考慮一下，隨著會議系統的演化，你如何實作其他需求，例如 API 管理。

API 管理的角色

無論為你的演化旅程採取了何種策略，API 管理都能在遷移中發揮關鍵作用，也能在整個組織甚至組織外解鎖 API 的價值。API 管理器（managers）本質上是一種強化版的閘道，為發佈和控制 API 提供了各式各樣的附加功能。API 管理器提供了處理邊緣問題的策略，例如 OAuth2 挑戰、內容驗證、速率限制、節流（throttling）以及閘道中的許多其他典型功能。此外，他們可以提供開發人員入口網站，其中包含所有 API 組成的市場，開發者在建置系統來消耗所供應的 API 時能夠加以利用。企業組織還可以利用 API 管理來對 API 的存取收費，既面向外部客戶，也向內部「計費（chargebacks）」，這在企業和跨部門部署中很常見。在第 73 頁的「目前的 API 閘道分類法」中，我們分享了 API 閘道的分類法，而 API 管理屬於企業閘道（enterprise gateway）這個分類。

也許 API 管理最重要的部分在於，它可以提供一個探索 API 的中心點，同時你仍然可以在幕後繼續進行更改。舉例來說，可以在傳統的會議系統前面放置一個 API，同時也提供抽取出來的新 Attendee API。就會議組織者而言，他們可能會考慮供應一個 API，提供「作為服務的會議管理功能（conference management as a service）」，允許其他會議使用，或以受控方式與外部 CFP 系統介接。假設 API 的契約不發生變化，就有可能在 API 管理層後面進行演化。

組織經常談論「*API First*」的概念，這意味著系統之間的所有互動都經過精心設計並被建模為 API。這是我們在第 1 章中探討過的一個概念。透過遵循良好的設計原則並努力實現「API-First」的設計，這讓你能夠透過使用 API 管理等工具，在外部為客戶或在更廣泛的組織內部創造價值。

為了讓應用程式現代化並進行遷移，以利用像外部 API 管理這樣的工具，你需要重新考慮訊務模式（traffic patterns）。隨著架構演變為混合型，橫跨不同的網路和部署，關於訊務的想法也需要受到挑戰。

南北向 vs. 東西向：模糊訊務管理的界限

瀏覽了 API 基礎設施遷移的各種可用選擇之後，現在來探討一下我們所選擇的重新平台化（replatforming）做法，將如何影響不斷演化的會議系統中的 API 訊務管理。由於我們選擇逐步遷移服務，而不是冒險進行大規模變革，在多個雲端環境和內部資料中心運行服務確實帶來了額外的挑戰。正如許多漸進式雲端遷移（incremental cloud migrations）的情況一樣，為了滿足使用者的 API 請求，訊務將需要在多個網路中流轉。

從邊緣開始，向內推進

在案例研究中，我們選擇從邊緣開始，將 API 閘道和單一服務一起遷移到雲端中。這樣做可以為遷移團隊提供機會，在不破壞現有系統的情況下初步建立一個全新的雲端環境。舉例來說，當前 API 閘道的複製品可以被部署到雲端中，而現有的閘道則保持原樣運行。這使你能夠在不破壞現有生產系統的情況下，透過逐步配置基於雲端的 API 閘道，將風險降到最低。

通常明智的做法是，純粹在雲端中建立一個驗證概念用的實驗體（proof of concept），只有在驗證之後，才開始試驗進入和離開雲端環境的路由。從設計的角度來看，為基於雲端的架構進行設計往往是一種典範轉移（paradigm shift）。不要低估了學習和理解新基礎設施所需的時間。

穿越邊界：跨越網路的路由

遷移到雲端的過程中，通常需要確保新舊系統能夠跨越不同的網路互動。正如第 3 章和第 4 章所討論的，你有多種選擇可以實作這種路由（routing）。若有一個單體應用程式和少數的簡單路徑（routes），那麼最簡單的做法是暫時從新的 API 閘道繞送（route）到舊系統，可能是透過簡單的 HTTP 重導（HTTP redirect）。然而，如果有大量的路徑將跨越網路，或者訊務一旦進入就不得離開網路，你將不得不考慮其他選擇，如點對點虛擬私有網路（virtual private network）或端點，或多叢集服務網格（multicluster service mesh）。

隨著 API 訊務穿越多個網路，你很可能需要諮詢你的資訊安全團隊，因為這將打亂周邊防禦（perimeter defenses）和分區架構（zonal architecture）的傳統做法。讓我們更深入地探討這個主題，並了解朝向零信任網路（zero trust networks）的轉變可以帶來哪些幫助。

從分區架構到零信任

在學習現代 API 閘道和服務網格如何幫助你實作零信任網路之前，讓我們先探討一下傳統的分區網路架構做法。

分區網路架構

隨著商業網際網路的普及，越來越多受監管的行業開始提供應用程式的存取。這意味著新系統和現有的內部系統都被迫面對用戶。分區架構（zonal architectures）的出現為設計安全網路提供了最佳的實務做法。劃分區域是為了減輕完全開放式網路或平面網路的風險，它將基礎設施服務分割成具有相同網路安全政策和安全需求的邏輯分組。考慮像 Log4Shell（CVE-2021-44228）這樣的安全弱點，這是一種零時差漏洞（zero-day vulnerability），對使用受影響的 Log4J 程式庫的 Java 應用程式構成重大風險。利用該漏洞，攻擊者可以獲得網路中主機的存取權，並開始進行惡意活動。攻擊的影響範圍和服務種類被稱為攻擊的爆炸半徑（blast radius of the attack）。如果所有不受信任的請求所進入的區域只能存取很少的高價值資訊，那麼爆炸半徑就會降到最低，營運安全團隊就有時間採取行動以防止嚴重故障。區域往往會串聯在一起，每次穿越進入下一個區域時，就會套用更多深度防禦緩解措施來挑戰進入的訊務。

這些區域被透過安全和網路裝置實作的邊界（Zone Interface Points）所分隔。分區是一種邏輯設計方法，用來控制和限制存取和資料通訊流量，只限於那些符合安全政策的元件和使用者。

有許多方法可定義分區和相關的安全需求，既有標準化的（通常在國家層級），也有自製的。然而，如圖 9-3 所示，在大多數分區架構中都有四個典型的區域[2]：

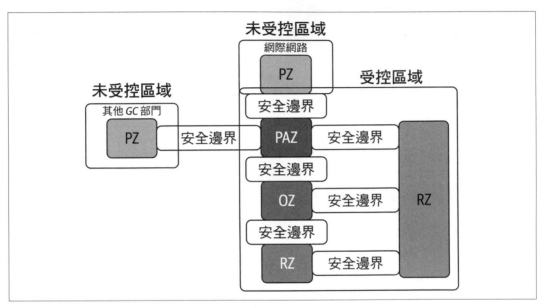

圖 9-3　一個典型的分區結構，取自加拿大政府的 ITSG-22

Public Zone（PZ，公共區）

　　這個區域是完全開放的，包括公共網路，如公共網際網路、公共電話交換網路和其他公共營運商的骨幹網路和服務。

Public Access Zone（PAZ，公共存取區）

　　這個區域調節操作系統（operational systems）和 Public Zone 之間的存取，通常包括一個非軍事區（demilitarized zone，DMZ）。

2　有興趣的讀者可以從加拿大政府的 Network Security Zoning（*https://oreil.ly/vYrDQ*），了解更多關於分區架構的資訊。

Operations Zone（OZ，操作區）

> 一個 OZ 是常規操作的標準環境，並且在終端系統有適當的安全管制。這個區域可能適合處理敏感資訊；但是，如果沒有額外的、值得信賴的強大安全管控措施，一般不適合敏感資料的大型儲存庫或關鍵應用程式，而這些安全管控措施超出了本指導方針的範圍。

Restricted Zone（RZ，受限區）

> 這個區域提供了一個受控的網路環境，通常適用於關鍵的商業 IT 服務或敏感資訊的大型儲存庫，並透過 PAZ 和 OZ 支援從 Public Zone 的系統進行的存取。

這種基於安全邊界（perimeter）的網路設計方法有點類似於古老的「城堡和護城河（castle and moat）」防禦，因為攻擊者在入口處最難施展，不過一旦穿過城堡圍牆，他們通常會更容易在內部穿梭。這主要是因為對來自系統周邊、網路或位置的任何通訊都做出了假設。然而，雲端基礎設施可以挑戰這些假設。在許多雲端平台中，底層基礎設施的地理和網路位置被抽象化或無法取得。即使有叢集供應商的保護措施，仍然存在供應鏈攻擊（supply chain attack）的風險，即軟體在建置時被惡意內容所操縱。另一種可能性是位於基礎設施供應商所在地點的惡意使用者，從平台層級存取資訊。

在不同類型的部署中施行不同類型的安全控管是可能的，但是一種更加同質化的做法可以降低學習不同安全技術的需求以及所做出的假設之風險。基於分區的架構在設計上就內含信任的元素，這促使了一種新方法的發展：零信任（zero trust）。

不信任任何人，驗證一切

零信任安全模型（zero trust security model），也被稱為零信任架構（zero trust architecture）或無邊界安全性（perimeterless security），描述一種設計和實作現代網路系統的方法。零信任安全模型背後的主要概念是「永不信任，始終驗證（never trust, always verify）」，這意味著裝置在預設情況下不應被信任，即使它們是連線到一個有權限的網路，如企業 LAN，或者它們以前被驗證過。零信任的理由在於，傳統的做法，也就是信任概念上在「企業安全邊界（corporate perimeter）」內的裝置或透過 VPN 連線的裝置，在企業網路的複雜環境中是不適用的。零信任的做法提倡相互認證（mutual authentication），包括檢查裝置的身分和完整性，而不考慮其位置，並根據裝置身分的可信度和裝置健康狀況，再結合使用者認證，提供對應用程式和服務的存取。

我們的指導方針中概述的八項原則，將幫助你在企業環境中實作你自己的零信任網路架構。這些原則是：

- 了解你的架構，包括使用者、裝置、服務和資料。

- 認識你的使用者、服務和裝置的身分。

- 評估你使用者的行為、裝置和服務的健康狀態。

- 使用政策（policies）來授權請求。

- 在任何地方都進行認證和授權。

- 將你的監控集中在有關存取的一切面向：使用者、裝置和服務。

- 不要相信任何網路，包括你自己的網路。

- 挑選和設計零信任的服務。

這裡概述的八項原則是完全合理的，但在分區架構中要考慮到這些是非常棘手的。區域信任假設的概念將挑戰其中的許多要點。舉例來說，分區架構通常只在系統的邊緣對使用者進行一次認證，而在安全邊界內的所有網路都是預設信任的。讓我們來探討一下我們如何能夠演化為一個基於零信任的架構。

服務網格在零信任架構中的角色

NIST 在 2020 年發佈的 Zero Trust Architecture（*https://oreil.ly/8r8aC*），是定義零信任及其關鍵架構考量的一份絕佳文件。服務網格（service mesh）和 API 閘道相結合，為實作基於零信任的架構提供了一個絕妙的平台。使用服務網格有助於提供一種同質化的建模方式，來描述你架構的元件如何表示，以及它們之間的訊務如何流動。底層技術提供了一個具體模型，圍繞著行程的身分識別和憑證管理，有助於斷定和證明身分。主動追蹤和監控的整合讓我們在平台的所有點上都能進行分析，既能分析使用者，也能分析底層服務和 Kubernetes pod 的健康狀況。所有的入口訊務都必須受到強大的挑戰，通常用 OAuth2 斷言該請求的身分，如第 7 章所討論的那樣，叢集內的訊務可以使用 mTLS 進行強大的認證和授權確認。

不要相信任何網路，包括你自己的網路，這是服務網格的一項有趣的挑戰。在大多數服務網格模型中，一個 sidecar 會與服務或應用程式緊密耦合，透過繞經 sidecar 的路由實作訊務管理和安全。然而，這種部署的簡單性意味著你不能對你所運行的平台做出具體的斷言。在應用程式和 sidecar 之下的東西需要被保護起來，不做出基於信任的假設。

用網路政策增強服務網格

平台安全性是你在應用程式層面做出的任何假設之基礎。因此，你需要下移一個層次來獲得完全的零信任。Kubernetes 有 NetworkPolicies（*https://oreil.ly/zxYkZ*）的概念，允許使用一個網路外掛（network plug-in），如 Calico（*https://oreil.ly/5ds3n*）。這些控制允許你將 Pods 與它們運行的平台分離。

舉例來說，下面的政策將鎖定所有入站和出站訊務，使其無法進入一個給定的 pod。對於一個零信任架構，這將是 pods 的預設值，藉由套用此規則，這些 pods 將變得完全孤立：

```
---
apiVersion: networking.k8s.io/v1
kind: NetworkPolicy
metadata:
  name: default-deny-all
spec:
  podSelector: {}
  policyTypes:
  - Egress
  - Ingress
```

服務網格的實作通常仰賴使用中央 DNS 系統來查找服務名稱。即使這也是被鎖定的。你需要開始在平台中啟用一些受控場景，以保持鎖定，但仍允許服務網格繼續運行。在下面的政策中，我們允許在傳統的會議系統上進行 DNS 查詢，以使它能夠定位 Attendee 服務：

```
---
apiVersion: networking.k8s.io/v1
kind: NetworkPolicy
metadata:
  name: allow-dns
spec:
  podSelector:
    matchLabels:
      app: legacy-conference
  policyTypes:
  - Egress
  egress:
    - ports:
      # 允許 DNS 解析
      - port: 53
        protocol: UDP
---
```

此時，服務網格的傳統會議服務可以透過 sidecar 發現出席者服務的位置，但是請求本身會被阻止。服務網格中的每個路由規則（routing rule）都需要在網路政策配接器（network policy adapter）中定義一個相應的允許規則（allow rule）。在這個最後的例子中，我們為傳統會議系統開放了與 Attendee 服務通訊的規則：

```
---
apiVersion: networking.k8s.io/v1
kind: NetworkPolicy
metadata:
  name: allow-conference-egress
spec:
  podSelector:
    matchLabels:
      app: legacy-conference
  policyTypes:
  - Egress
  egress:
  - to:
    - namespaceSelector:
        matchLabels:
          kubernetes.io/metadata.name: attendees
```

為了使入口發揮作用，你還需要添加從服務網格閘道到目標服務的入口規則（ingress rules）。在第 142 頁的「有效軟體發佈的應用程式決策」中，我們概述了有主張的平台（opinionated platform）的應用程式層級決策。確保規則和組態在發佈時以一致的方式套用，是考慮使用有主張平台的另一個原因。

透過使用服務網格和網路政策，你已經學會了如何創建一個微分區的架構（microsegmented architecture）。這種做法的好處是，可以在混合架構中實現安全性的一致性，既包括雲端又包括以前基於區域的環境。一個正在崛起的常見模式是使用服務網格來橋接不同的（「多叢集」）網路。這是透過在叢集之間使用對等服務網格（peering service meshes）來實作的，進而將企業內部和雲端的資料平面納入一個聯合控制平面下[3]。在圖 9-4 中，服務網格負責所有的路由，可以提供跨網路的零信任架構。採取這種路線的好處是，它可以產生一個安全的演化式架構和同質性的安全環境。透過使企業內部像雲端一樣作業，現在就有一個簡單的路線來將剩餘的服務轉移到雲端。

3　這方面的機制會隨著服務網格的不同實作而改變。

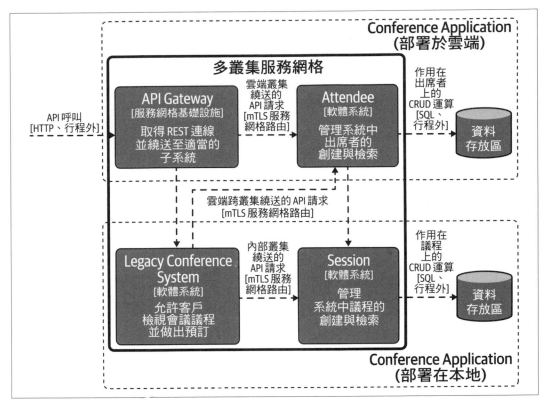

圖 9-4　多叢集對等服務網格

總結

在這一章中，你學到了遷移至基於雲端的環境時，如何使用 API 基礎設施，例如 API 閘道、服務網格和開發人員入口網站，來演化一個系統。

- 有許多途徑可以讓基於 API 的系統朝向雲端演化或遷移，從保持現狀（「什麼都不做」）到重新託管、重新平台化、重新購買、重構或重新架構（改寫以善用雲端基礎設施）和退役。

- 把 API 應用程式遷移到雲端時，你會經常發現南北（入口）和東西（服務對服務）訊務管理之間的界限模糊不清。

- API 閘道可以用作遷移的工具，因為它可以封裝功能、並充當在不同環境和網路上運行的多個後端系統的門面（facade）。

- 產業正在從分區網路架構轉向「零信任」系統，而服務網格技術可以促進這一轉變。

- 採用零信任能讓你將零信任和分區架構結合起來，這有助於在遷移期間橋接雲端和企業內部系統。

隨著你在 API 架構領域的旅程接近尾聲，下一章，也就是最後一章，將總結關鍵概念，並提供了這個領域的未來展望。

第十章

結語

在本書的前九章中,你經歷了從設計 API,到實作、保護和營運 API 的旅程。焦點一直放在架構(architecture)上,但同樣重要的是你如何在組織中套用架構。

在本書的最後一章,你將探索可能在未來發揮更大作用的新興 API 技術,並學習如何與這些不斷變化的最佳實務做法、工具和平台保持同步。

案例研究:回顧你的旅程

在整本書中,我們一直在採取演化步驟,以更新和發展我們一開始的會議系統架構案例。你可以在圖 10-1 中看到起始點。

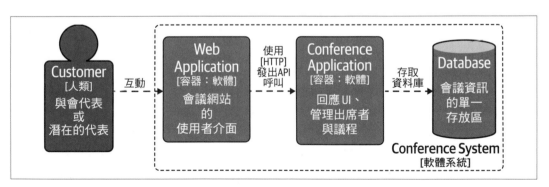

圖 10-1　原始會議系統的架構

讓我們來看看在提取出 Attendee 服務時所做的一些決策。如圖 10-2 所示，也在導論中探討過，我們決定（根據會議系統利害關係者的需求）將出席者（attendees）的功能提取到一個基於 API 的服務中，該服務將作為一個獨立的行程在傳統會議系統外部運行。

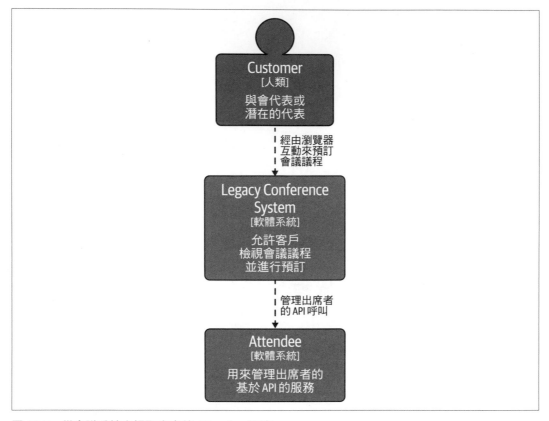

圖 10-2　從會議系統中提取出來的 Attendee 服務

在第 1 章和第 2 章中，當我們探索如何設計和測試 Attendee API 和服務時，架構保持不變。在第 3 章，我們邁出了第一個大型的演化步驟，在終端客戶和現有會議系統及新服務之間引入了一個 API 閘道（API gateway）。

如圖 10-3 所示，客戶現在透過 API 閘道向會議系統發出請求，API 閘道為繫結到傳統會議系統或新 Attendee 服務的訊務，提供了一個抽象層和單一進入點。這一步引入了門面（facade）模式，允許控制何時呼叫傳統服務或現代服務。

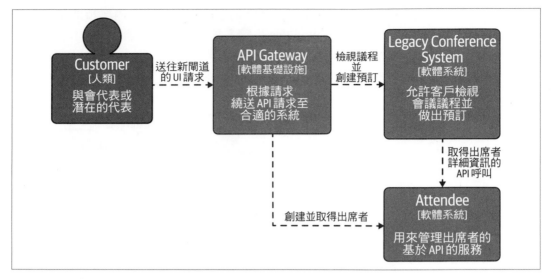

圖 10-3　在會議系統中添加一個 API 閘道

在第 4 章中，我們又向前邁進了一步，從傳統的會議系統中提取出了會議議程
（conference session）功能到一個新的 Session 服務中，並引入一個服務網格（scrvice
mesh）來處理服務對服務的 API 訊務。此時案例研究的架構看起來就像圖 10-4。

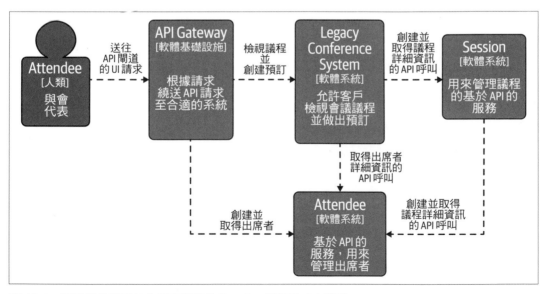

圖 10-4　顯示從會議系統中提取出來的 Session 服務的 C4 模型

在第 5 章中，我們將重點放在逐步發佈基於 API 的服務上，創建了內部和外部版本的 Attendee 服務，並使用功能旗標（feature flags）來判斷使用者的請求要被繞送到哪個服務。圖 10-5 顯示了靜態架構圖中並列的兩個 Attendee 服務。

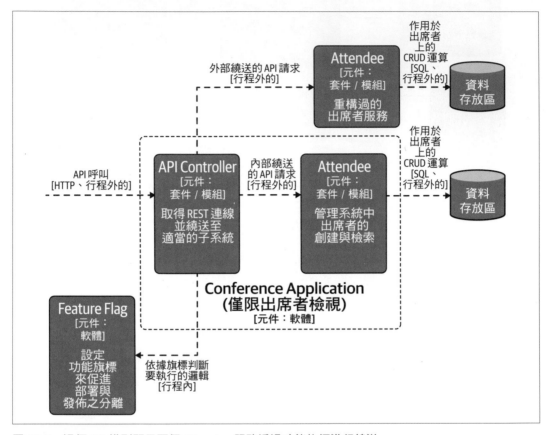

圖 10-5　這個 C4 模型顯示兩個 Attendee 服務透過功能旗標進行繞送

在第 6 章中，我們重點討論了安全問題，雖然架構仍然是靜態的，但我們引入了行動應用程式呼叫會議系統的概念，如圖 10-6 所示，以便提供一個真實的場景來進行威脅建模。

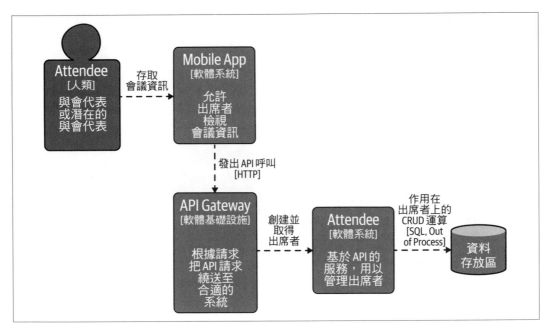

圖 10-6　C4 架構顯示了與會議系統互動的行動應用程式

第 7 章在架構中新增了一個外部 CFP 系統，如圖 10-7 所示，這需要實作外部（面向使用者的）認證和授權。

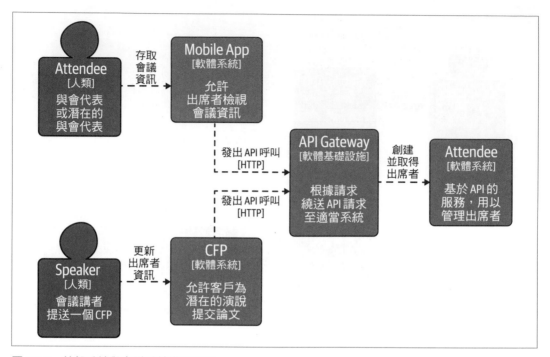

圖 10-7　外部系統與會議系統進行通訊

在第 9 章中，我們專注於將 Attendee 服務和 API 閘道遷移到雲端平台上，這產生了圖 10-8 所示的架構。

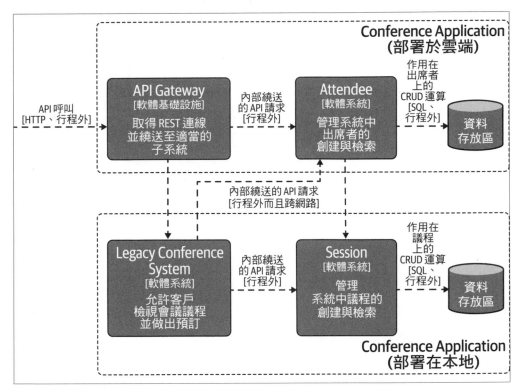

圖 10-8　會議系統的雲端遷移

最後，在第 9 章中，我們提供了一個向零信任架構遷移的潛在模型，該模型具有統一的部署、路由和安全方法。在圖 10-9 中，有一個混合架構的選擇，同時演化的旅程繼續朝向雲端發展。

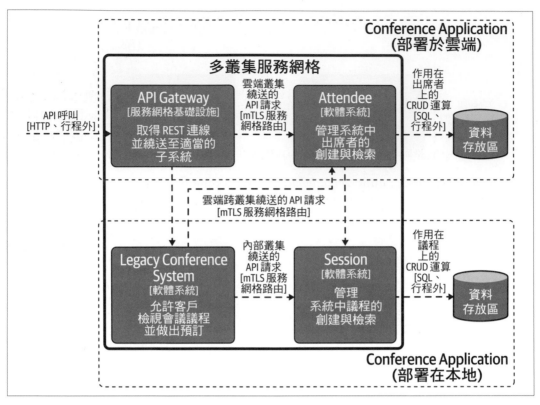

圖 10-9　使用多叢集服務網格的會議系統雲端遷移

在整個案例研究中，我們的焦點都放在你和你團隊在一個典型系統演化為基於 API 或基於服務的系統時，必須做出的關鍵決策點。從一開始在企業內部運行的單一服務和資料庫，到現在多服務系統跨越雲端和企業內部運行，你已經了解到，隨著這個最終實作的彈性增加，架構和基礎設施的複雜性也要有所取捨。

雖然本書中我們案例研究的演化已經完成，但我們鼓勵你嘗試建立新的需求，設計新的 API，並提取額外的服務。

API、Conway's Law 以及你的組織

這不是一本關於組織設計（organizational design）的書，但我們想提及這與設計、建置和運行 API 有關的重要性。「Conway's Law（Conway 定律）」在微服務社群中已經非常有名，這個概念也適用於 API 架構：

> 任何組織在設計一個系統（廣義的定義）時，都會產生一個結構與該組織溝通結構（*communication structure*）雷同的設計。
>
> —Melvin Conway 在 *How Do Committees Invent?* 中寫道

或者，說得更簡潔些，「如果你們有四個小組在開發編譯器，就會得到一個 4-pass 的編譯器」。我們在 API 世界中確實看過這種情況，就像我們喜歡開玩笑說的那樣，「如果你們有四個小組在開發微服務系統，就會得到四層的 API」。我們無法在這本書中以應有的深度來涵蓋組織設計這個主題，因此，我們想推薦你閱讀以下書籍：

- 《*Team Topologies*》（*https://oreil.ly/ch1eD*，IT Revolution Press）

- 《*Agile IT Organization Design: For Digital Transformation and Continuous Delivery*》（*https://oreil.ly/2aeum*，Addison-Wesley）

- 《*The Art of Scalability*》（*https://oreil.ly/7CX01*，Addison-Wesley）

如果你想進行重大的組織轉型或「數位轉型（digital transformation）」，我們強烈建議你參考前面的作品。任何基於 API 的系統本質上都是一個社會技術系統（socio-technical system），因此你應該在考慮「技術」面向的同時充分考量「社會」方面的因素。

了解決策類型

Amazon 的創始人 Jeff Bezos 因許多事情而聞名，其中之一就是他對 Type 1 決策和 Type 2 決策的討論（*https://oreil.ly/7b3Mt*）。Type 1 決策不容易逆轉，你必須非常謹慎地做出這類決定。Type 2 決策很容易改變：「就像走過一扇門——如果你不喜歡這個決定，你隨時可以回頭」。通常，這個概念是在混淆兩者的情況下提出的，對 Type 2 決策使用 Type 1 流程：「這樣做的最終結果是緩慢、未經深思熟慮的風險規避、未能充分實驗，並因此降低發明能力。我們必須弄清楚如何對抗這種傾向」。然而，在大多數情況下，特別是在大型企業範圍內，選擇 API 相關技術，如 API 閘道或服務網格，在很大程度上是一種 Type 1 決策。確保你的組織有採取相應的行動！

為未來做準備

撰寫一本書時，我們自然會在固定的時間點上捕捉經驗和知識。總是會有新的發展出現。接下來是我們認為還不需要完整章節的三個主題，但仍然值得關注它們對 API 架構的未來影響。

非同步通訊

非同步 API（Asynchronous API）非常流行，一般分為兩類：client-server（客戶端對伺服器）和 client-broker（客戶端對中介者）。像 gRPC 這樣的技術實現了 client-server 關係，而 client-broker 關係則是透過 Kafka 等中介技術（intermediate technologies）來實現的。正如你在第 1 章中所學到的，OpenAPI Specification 對於一致地描述和規範 REST API 非常關鍵。

AsyncAPI（*https://www.asyncapi.com*）是令人興奮且不斷發展的一個標準，為非同步 API 提供規格。基於非同步的 API 的挑戰之一是支援各種協定格式和技術範圍。這絕對是一個值得關注的主題，因為事件驅動架構的流行和定義交換的需求是一個快速增長的領域。

HTTP/3

HTTP/3（*https://oreil.ly/g7jaE*）是用在 World Wide Web 上交換資訊的 Hypertext Transfer Protocol 的第三個主要版本，與 HTTP/1.1 和 HTTP/2 並列。各個版本的 HTTP 語意是一致的：相同的請求方法（request methods）、狀態碼（status codes）和訊息欄位（message fields）通常都適用於所有版本。差異在於這些語意與底層傳輸協定（transport protocols）的映射。HTTP/1.1 和 HTTP/2 都使用 TCP 作為其傳輸協定（如 TCP/IP 中那樣）。HTTP/3 使用 QUIC，這是使用 UDP 的傳輸層網路協定。改用 QUIC 的目的是為了解決 HTTP/2 的一個主要問題，即「head-of-line blocking」，這尤其影響到需要載入多種資源的網站。

承諾的 HTTP/3 可能帶來巨大的速度提升，但由於底層傳輸協定已經改變，這將需要升級入口代理伺服器和其他網路元件。好消息是，截至本文撰寫時，HTTP/3 已經被超過 70% 運行中的 Web 瀏覽器所支援。

基於平台的網格

正如第 4 章所暗示的，許多訊號都指向服務網格與現代平台產品的合併。如果這種趨勢繼續下去，採用整合在你所選擇的供應商之技術堆疊中的網格可能是明智的。就像大多數採用雲端廠商 Kubernetes 堆疊的組織不更換容器（OCI）或網路（CNI）實作一樣，未來服務與服務之間的通訊很可能也是這樣。作為這一演化的一部分，我們建議密切關注這一領域的相關標準，如 Service Mesh Interface（SMI，*https://smi-spec.io*）。堅實介面的出現和採用無疑代表著通訊堆疊的這一層會被同質化。

下一步是什麼：如何持續學習 API 架構

我們在本書的開頭提到，我們三個人都是在 2020 年 2 月的 O'Reilly Software Architecture Conference（SACON）上，開始了最終導致本書問世的旅程。我們都喜歡學習，參加活動是我們持續獲得新技能和知識的一個重要部分。我們最常被問到的一般性問題，與我們如何對待學習和實驗新技術有關。在本章的這一節，我們將與你分享我們的做法、見解和習慣。

持續磨練基本功

我們都相信，非常重要的是，不斷重溫你想掌握的任何技能之基本原理。在像軟體開發和營運領域這樣由時尚驅動的行業，這一點尤其重要。我們將介紹一些我們搜尋這種知識的地方，但我們想強調的是，在瀏覽網站、閱讀書籍、參加會議等活動之餘，我們也積極尋找現有的和最新的基礎知識。舉例來說，在許多架構大會上，你會發現有關凝聚力和耦合度等主題的會議，我們有時都會學到並被提醒一些概念，並在第二天帶回到辦公室套用。除了閱讀關於雲端平台的最新書籍外，我們也會閱讀關於傳統主題的新書，比如 Gregor Hohpe 的「The Architect Elevator: The Transformation Architect」。

在我們的行業中，「舊的就是新的（what's old is new）」這句話已成為陳腔濫調，技術循環不斷地以稍微不同的形式重複出現，而那些不斷提醒自己基本原理的架構設計師，才能更有效地駕馭這種情況。

了解最新的業界新聞

我們建議整理並不斷更新網站和社群媒體的一個清單，提供架構和 API 領域的最新消息報導。每週閱讀一次這些網站將有助於調整你對新出現的趨勢和技術的感覺，以便進行調查。比如說：

- InfoQ
- DZone
- The New Stack
- Software Architecture Reddit（*https://oreil.ly/Ic3K7*）

除了這些一般性的新聞網站和資訊匯集處，你還可能會發現某些組織或個人就新出現的主題撰寫有用的部落格。使用 RSS 閱讀器，如 Feedly，能讓你整理這些來源，並每週或每月查閱一次。Twitter 可以成為洞察和評論新興技術的有力工具；關注那些有類似興趣並為開源專案做出貢獻的人，是儘早發現新功能的好辦法。

雷達圖（Radars）、象限圖（Quadrants）和趨勢報告

儘管你應該始終進行自己的實驗和概念驗證工作，但我們也建議透過分析師網站（analyst sites）了解特定技術趨勢的最新情況。當你正為一個問題而苦惱，或者已經確定了一種解決方案，但需要許多供應商都有提供的一個特定技術時，這種類型的內容可能特別有用。我們推薦以下資訊來源，以更加了解 API 領域內的技術現狀：

- ThoughtWorks Technology Radar（*https://oreil.ly/YHlRs*）
- Gartner Magic Quadrant for Full Life Cycle API Management（*https://oreil.ly/HwvO5*）
- Cloud Native Computing Foundation (CNCF) Tech Radar（*https://oreil.ly/G0B7a*）
- InfoQ Trends Reports（*https://oreil.ly/aGY4Y*）

一些組織和個人也會定期發佈技術比較表，這些對於簡單的「紙上評估（paper evaluations）」是很有用的，以便篩選出要進行實驗的產品。不用說，你得檢查這些比較是否有偏見（供應商經常贊助此類工作），並確保出版日期相對較新。

學習最佳實務做法和使用案例

我們還建議你不斷關注與你正在做的工作有關的最佳實務做法（best practices）和使用案例（use cases）。許多組織喜歡分享他們正在做的事情的原因、內容和方式。了解這背後的動機很重要，但往往混合了利他主義、炫耀特權、銷售意圖和招聘。在學習用例時，你總是要謹慎行事，因為大多數用例都偏向於正面報導，可能會跳過最初的失敗嘗試、出錯的事情或仍在出錯的事情。然而，所提供的背景可以讓你將問題和解決方案與你的組織和團隊進行模式匹配。有時，這可為你所選擇的技術堆疊或做法提供支持證據，而在其他情況下，這可能會讓你重新思考！

使用案例和最佳實務做法通常能以書面和演講形式找到。一般來說，我們建議同時尋找這兩種形式，而會議演講的好處在於，你可以在演講後跟講者聊聊，以了解更多資訊！以下列出我們經常參加的會議：

- QCon 系列會議（*https://oreil.ly/YW6pB*）
- CraftConf（*https://oreil.ly/trY4Y*）
- APIDays（*https://oreil.ly/eRSFK*，著重 API）
- KubeCon（*https://oreil.ly/io6gU*，平台限定）
- Devoxx（*https://oreil.ly/ILSss*）或 JavaOne（語言限定）
- O'Reilly 線上活動（*https://oreil.ly/rQKIk*）

在實踐中學習

我們認為，架構師應該繼續作為執業的軟體工程師。你可能不會每天將程式碼推送到生產中，但我們建議在你的日程表中留出時間，定期與你團隊中的工程師配對合作，或對最新的技術進行研究和實驗。如果不經常這樣做，架構師對開發人員的同理心很容易就會淡化。做這項工作還能使你了解新的摩擦點或採用新技術後可能帶來的苦差事。例如，我們聽說過，許多架構師最初誤解了容器技術對開發者工具鏈的影響。除非你有建置容器映像並將其推送到遠端註冊中心的經驗，否則很容易忽視這些行為對你構建和維護 API 的日常工作流程之影響。

在教學中學習

希望從這本書中可以看出，我們也能透過教學行為學習到很多東西。無論是寫書、教授課程，還是在會議上發表演講，沒有什麼經驗比蒐集教導一個概念所需的資訊更重要了。在這個過程中，我們經常會意識到自己並不完全理解某個概念，或者當學生問我們問題時，突然意識到我們的理解存在缺陷。

我們認為，架構師的另一個核心角色是教學。無論是對開發人員進行基礎知識的教育，還是分享新的最佳實務做法，這種教學行為將不斷加強你的技能組合，並在更大型的團隊中建立你的信譽。

祝你在掌握 API 架構的旅程中一切順利！

索引

※ 提醒您：由於翻譯書排版的關係，部分索引名詞的對應頁碼會和實際頁碼有一頁之差。

關於作者

James Gough 是 Morgan Stanley 的傑出工程師,從事 API 架構和 API 規劃的工作。他是一名 Java Champion,曾代表 London Java Community 出席 Java Community Process Executive Committee,並為 OpenJDK 做出貢獻。James 也是《*Optimizing Java*》一書的共同作者,並喜歡就架構和低階 Java 技術細節發表演說。

Daniel Bryant 是 Ambassador Labs 的開發人員關係(developer relations)部門主管。談到職位角色時,他奉行「gotta catch 'em all(要把它們全抓住)」的寶可夢(Pokémon)哲學。過去,Daniel 曾擔任過學者、開發人員、架構師、平台工程師、顧問和 CTO。他的技術專長集中在 DevOps 工具、雲端與容器平台,以及微服務的實作。Daniel 是一位 Java Champion,並為幾個開源專案做出了貢獻。他還為 InfoQ、O'Reilly 和 The New Stack 撰寫文章,並定期在 KubeCon、QCon 和 Devoxx 等國際會議上發表演說。在他充裕的閒暇時間裡,他喜歡跑步、閱讀和旅行。

Matthew Auburn 曾在 Morgan Stanley 工作,開發各種金融系統。在 Morgan Stanley 工作之前,他曾開發過多種行動和 Web 應用程式。Matthew 的碩士學位主要專注於安全領域,這也為他在 API 安全方面的工作提供了養分。

出版記事

本書封面上的動物是犰狳蜥（armadillo girdled lizard，學名 *Ouroborus cataphractus*），之前分類在環尾蜥屬（genus *Cordylus*）。

犰狳蜥生活在南非西海岸的沙漠中。它們的外觀常被比喻為迷你龍：淺棕或深褐色的鱗片和帶有黑色花紋的黃色腹部。就體型而言，它們的吻肛長度（snout vent length）通常在 7.5 到 9 公分之間（不包括尾巴）。

牠們群居並在白天活動，雖然大部分的活動時間都花在曬太陽上。牠們的食物主要是小型昆蟲（大多是白蟻），並在冬天進入冬季休眠（brumate，即部分冬眠）狀態。與大多數產卵的蜥蜴不同，犰狳蜥會生產活胎，每年大約一次，每次一至兩隻。雌性犰狳蜥還可能餵養幼崽，這在蜥蜴中也是一種罕見的行為。

牠們對抗捕食者的防禦機制是捲成一顆球並將尾巴含在嘴裡。這使牠們看起來像神話中的銜尾蛇（ouroboros，「烏洛波羅斯」），是完整性或無限的一種象徵。這種獨特的行為是牠們名字的由來，因為哺乳類的犰狳（armadillos）也會捲成一顆球。

犰狳蜥的保育狀態是「近危物種（near threatened）」。O'Reilly 書籍封面上的許多動物都處於瀕危狀態，牠們對世界都非常重要。

封面插圖由 Karen Montgomery 繪製，基於 Museum of Natural History 的黑白版畫。

精通 API 架構｜設計、營運和發展基於 API 的系統

作　　者：James Gough, Daniel Bryant, Matthew Auburn
譯　　者：黃銘偉
企劃編輯：蔡彤孟
文字編輯：江雅鈴
設計裝幀：陶相騰
發 行 人：廖文良

發 行 所：碁峰資訊股份有限公司
地　　址：台北市南港區三重路 66 號 7 樓之 6
電　　話：(02)2788-2408
傳　　真：(02)8192-4433
網　　站：www.gotop.com.tw
書　　號：A729
版　　次：2023 年 08 月初版
建議售價：NT$680

國家圖書館出版品預行編目資料

精通 API 架構：設計、營運和發展基於 API 的系統 / James
　Gough, Daniel Bryant, Matthew Auburn 原著；黃銘偉譯. -- 初
　版. -- 臺北市：碁峰資訊, 2023.08
　　　面；　　公分
　　譯自：Mastering API Architecture: design, operate, and evolve
API-based systems
　　ISBN 978-626-324-547-1(平裝)
　　1.CST：系統程式　2.CST：電腦程式設計
312.1695　　　　　　　　　　　　　　　　　　112010052

讀者服務

● 感謝您購買碁峰圖書，如果您對本書的內容或表達上有不清楚的地方或其他建議，請至碁峰網站：「聯絡我們」\「圖書問題」留下您所購買之書籍及問題。（請註明購買書籍之書號及書名，以及問題頁數，以便能儘快為您處理）

http://www.gotop.com.tw

● 售後服務僅限書籍本身內容，若是軟、硬體問題，請您直接與軟體廠商聯絡。

● 若於購買書籍後發現有破損、缺頁、裝訂錯誤之問題，請直接將書寄回更換，並註明您的姓名、連絡電話及地址，將有專人與您連絡補寄商品。